TIMAEUS LOCRUS

DE NATURA MUNDI ET ANIMAE

PHILOSOPHIA ANTIQUA

A SERIES OF MONOGRAPHS
ON ANCIENT PHILOSOPHY

EDITED BY

W. J. VERDENIUS AND J. H. WASZINK

VOLUME XXIV

WALTER MARG

TIMAEUS LOCRUS
DE NATURA MUNDI ET ANIMAE

LEIDEN
E. J. BRILL
1972

TIMAEUS LOCRUS

DE NATURA MUNDI ET ANIMAE

ÜBERLIEFERUNG, TESTIMONIA, TEXT
UND ÜBERSETZUNG VON

WALTER MARG

EDITIO MAIOR

TUTA SUB AEGIDE PALLAS · EJB ·

LEIDEN
E. J. BRILL
1972

ISBN 90 04 03505 2

PRINTED IN THE NETHERLANDS

UXORI CARISSIMAE

INHALT

VORBEMERKUNG

Mit der Veröffentlichung dieser kritischen Ausgabe der Schrift des Timaios Lokros löse ich eine alte Schuld ein. Eine Vorausgabe des Textes mit kritischem Apparat hatte ich Holger Thesleff für sein Sammelwerk The Pythagorean Texts of the Hellenistic Period, Åbo Akademi 1965 (Acta Academiae Aboensis Ser. A, Vol. 30,1), S. 203-225 zur Verfügung gestellt. Der Text ist gegenüber dieser Ausgabe nur wenig geändert. Die jetzige Ausgabe enthält die Begründung der handschriftlichen Basis für den Text durch die Vorlage und Überprüfung der gesamten von mir festgestellten Handschriften. Die Kollationen liegen meist lange zurück, doch sind sie danach an Handschriften und Photographien wiederholt überprüft worden, um Zweifel zu beseitigen. Ferner sind die Testimonia gesammelt und besprochen, Art und Zustandekommen der Zahlenreihe für die Einteilung der Weltseele werden erörtert und Wert und Echtheit der mit den Zahlen verbundenen Erläuterungen werden geprüft. Aus meiner beigegebenen deutschen Übersetzung geht meine Auffassung des schwierigen Textes hervor. Die Kommentierung der Schrift hatte ich Matthias Baltes als Dissertation in Mainz übertragen. Meine Ausgabe kann jetzt zugleich mit diesem Kommentar (Philosophia Antiqua XXI) im selben Verlag erscheinen.

Für Mitlesen der Korrekturen habe ich Dr. Baltes und Dr. Kurz zu danken.

DIE HANDSCHRIFTEN

An Hand der gedruckten und handschriftlichen (Vatican, London British Museum) Kataloge und durch Prüfen von Platonhandschriften habe ich 52 Handschriften, die den griechischen Text des Timaios Lokros enthalten, festgestellt. Diese habe ich an Ort und Stelle geprüft und nach der Ausgabe von de Gelder (J. J. de Gelder, Timaeus Locrus De anima mundi et natura, Leiden 1836) kollationiert. Nach meinen Kollationen und nach Photographien zur Kontrolle habe ich die Hss auf ihre Abhängigkeiten untersucht [1]). Es ist bei Timaios Lokros möglich, die Verzweigung der Hss genau festzustellen und mit Sicherheit die auszuscheiden, die für die Konstituierung des Textes nicht infrage kommen, und das sind weitaus die meisten. Die Masse der Hss gehört dem 14. und 15. Jahrhundert an, wo ein besonderes Interesse an dieser Schrift aufkommt, die ältesten dem 13. oder beginnenden 14. In den Korrekturen und Änderungen der Hss außer den drei maßgebenden tauchen nirgends Lesarten auf, die auf eine weitere von diesen drei Hss unabhängige oder nicht dargebotene Überlieferung weisen.

Ich führe die Handschriften vor und behandle ihre Abhängigkeiten zum Teil ausführlicher, weil das auch für andere in ihnen enthaltene Texte von Interesse sein kann.

Die Verweise bei der Behandlung der Handschriften erfolgen nach Seiten und Zeilenzahlen meiner Vorausgabe bei Holger Thesleff (siehe oben), die in der vorliegenden Ausgabe, bei gleicher Zeilenlänge, am Rand beigegeben sind.

Im kritischen Apparat führe ich nur die Lesarten der drei Handschriften, von denen alle anderen abhängen, auf, für die Stücke, wo B und E fehlen, die sie ersetzenden Abschriften; andere Lesarten führe ich nur an, wo sie als Konjekturen richtig oder beachtenswert sind. Wichtige Lesarten der indirekten Überlieferung sind verzeichnet.

---

[1] Nur die Handschriften Durham C IV 2 und Ankara Türk Tarih Kurumu, Griech. Handschrift 8 habe ich allein an Photographien geprüft; die letzte ist Abschrift aus dem Stephanusdruck, siehe unten S. 80.

N
|
Ashb. 1599
|
Ambr. 940

N Neapel *Biblioteca Nazionale* (= Borbonica) *312* (III D 28). Beschreibung Cyrillus Bd. 2, 419 [1]); ferner Procli in Plat. Tim. comm. ed. E. Diehl Bd. 1, S.X (dort auch N bezeichnet). Papier, 164 Blatt, 24,9 x 17,9 cm. Die Handschrift ist datiert durch die subscriptio auf 164r: ἐτελειώθη τὸ παρὸν βιβλίον διὰ χειρὸς ἐμοῦ Ἰωάννου τοῦ Κάρταρι . . . ἀπριλλίου μηνὸς ιβ' ἔτους ,ϛωκβ (12. April 6822 = 1314). N enthält auf p. 1r-6v den TL, von 6v-164r Buch 1 und 2 des Timaioskommentars des Proklos, alles von derselben Hand. Der Rand ist stark beschnitten; 3r Mitte ist eine Auslassung § 25 213, 24-25 ὧν τὰ — τῷ ἑτέρῳ (Sprung von τῷ ἑτέρῳ zu τῷ ἑτέρῳ) am Rand von derselben Hand nachgetragen, wovon nur noch die Anfangsbuchstaben der 6 Zeilen geblieben sind; die längste Zeile umfaßte 21 Buchstaben, was auf etwa 4 Zentimeter weiteren Rand führt. Es mögen Varianten weggeschnitten sein; zu 207, 15 ist am Rand noch die Ligatur von ται zu lesen, wahrscheinlich eine Variante oder Scholion zu μεμύηται im Text; ein hinweisendes Zeichen fehlt. Das größtenteils abgeschnittene Scholion zu 215, 5 εἰδανικὸν steht vollständig in der abhängigen Handschrift Ashb. 1599 εὐπρεπῆ· εὐειδῆ· ἰδανὸν γὰρ τὸ εὐπρεπὲς καὶ εὐειδές. Der Rand ist also wahrscheinlich erst nach der Abschrift von Ashb., im 15. Jh., beschnitten worden. N nimmt in seiner Verbindung mit Proklos' Timaios-Kommentar und mit seinen Lesarten eine Sonderstellung ein, vor allem hat er allein Erläuterungen zu der Zahlenreihe, welche die Verhältnisse der Seele des All gibt, im Text; N war bisher nicht für den TL herangezogen. Über seine Stellung siehe S. 53 ff.

Ashb. 1599 Der einzige Abkömmling von N in einem Teil von TL ist *Laurentianus Ashburnhamianus 1599*. Beschreibung E. Rostagno und N. Festa, StudIt 1, 1893, 209; sie setzen ihn ins 15. Jh. Der Papierkodex ist aus 4 Teilen, von verschiedenen Händen geschrieben, zusammengesetzt, 1. Themistios, 2. p. 105-111 TL, 3. Kleomedes, 4. Planudes; der Zusammenhang ist also sekundär und ohne Be-

[1] Der neue Catalogus Codicum Graecorum Bibliothecae Nationalis Neapolitanae, Vol. 1, dig. Ginus Pierleoni (1962) geht nur von Ms 1-106.

deutung für die Überlieferung des TL. Ashb. 1599 hat mit den Zahlen Scholien dazu in den Text gesetzt; über sie s.u. S. 63f. Für die Zahlen sind $2^1/_2$ Seiten ausgelassen, wovon nach der Ausfüllung mit Zahlen und Scholien noch eine Seite freibleibt. Das spricht dafür, daß ursprünglich die umfangreicheren Erläuterungen zu den Zahlen, wie sie in N stehen, vorgesehen waren. Im TL wechselt zweimal die Feder mitten im Zusammenhang 206, 9 hinter νοεῖσθαι, 216, 15 hinter πυραμίς. Der Teil der breiten Feder dazwischen geht bis gegen Schluß mit N zusammen, die andern beiden Teile nicht. Mit N zum Beispiel 206, 11 ποτ' (nach γενέσθαι) add; 207, 4 ποιῆσαι: ποιῆν(-εῖν) cett; und ἐποίησε: ἐποίη(-ει) cett; 207, 13 παντελὴς νοατῶν: νοατῶν παντελὴς cett.

216, 12 fehlt das bei N allein im Text stehende οἷον ὦν συμφωνίαν, ἥ ἐστι τὸ ἡμιτρίγωνον; entweder liegt N dort nicht mehr vor, oder Ashb. geht nicht auf N, sondern dessen Vorlage zurück und der Satz ist als Zusatz erst bei N in den Text gekommen, oder, und das ist das Wahrscheinlichste, er ist bei der Abschrift von Ashb. gestrichen; es spräche viel dafür, daß erst mit dem Handwechsel 216, 15 die Vorlage wechselt.

Weitere Indizien dafür, daß Ashb. bei dem Zusammengehen mit N von N selber abhängt, sind: 207, 11 hat Ashb. ἂν, N wie sonst alle ἀεὶ, das ει in N sieht einem ν sehr ähnlich; 207, 13 Ashb. ἀπολέλοιπεν, N mit allen andern ἀπέλιπεν, der Ductus in N ist so, daß man ἀπολέλιπεν herauslesen kann; 214, 9 Ashb. προσαναστέλλῃ, N προανατέλλει; das τ in N sieht einem ς sehr ähnlich.

Daß sonst von der Vorlage von N in der Überlieferung nichts zu spüren ist, während Lesarten von N auch sonst eingedrungen sind, spricht für Abhängigkeit von N selbst; jedoch ist Sicherheit nicht zu erreichen. Einige weitere Abweichungen von Ashb. gegen N in dem Stück 206, 9-216, 15 sind: 206, 11 ἁ ἰδέα τε καὶ ἁ ὕλα: αἰδεα τε καὶ ἄυλα N ἰδέα τε καὶ ὕλα cett; die Korrektur der Verderbnis von N ist leicht zu finden; 207, 13 ὃν: ὧν cett, ἧν scripsi, Ashb. stellt Anschluß an das vorhergehende παράδειγμα her; 208, 1 σταθῇ: ἐστάθη cett, Ashb. stellt den Konjunktiv nach ὅταν her; 208, 1 ῥυσμῶ cum cett: ῥυσθμῶς N, der Fehler von N, aus der Aufnahme von σ und θ, die in der Vorlage übereinandergeschriebene Varianten waren, kann aus Konjektur beseitigt sein; ebenso 208, 5 das σφαῖρον von N richtig aufgelöst in σφαῖρα ὄν; 214, 1 συντέτακται· ἁ μὲν ὦν mit dem Korrektor von Marc. 517 (s.u. S. 36f) und von ihm abhängenden jungen Handschriften: συντέτακται δὲ ἁ μὲν NBE, das sieht nicht nach eigener Konjektur aus; 215, 3 περίοδοι αἷς μετρέεται cum cett: περιόδοις ἐμετρέετο N, das ist nicht durch Konjektur zu finden, sondern aus einer Hs genommen; 215, 10 πόκα ὕδωρ cum cett: πόκα γάρ κε ὕδωρ N, auch dies nicht aus Konjektur. An einigen Stellen ist Platz freigelassen und mit kleinerer Schrift ausgefüllt, abweichend von N.

Das Stück von 206, 9-216, 15 ist also ein überarbeiteter Text von N, die Änderungen z.T. wohl Konjektur, z.T. wahrscheinlich aus der Vorlage, aus der Anfang und das Stück ab 216, 15 kommen.

Die spitze Feder, die Anfang und letzten Teil schreibt, hat in dem mittleren Teil Varianten am Rand dazu geschrieben, von denen wir in N keine Spuren finden, die auch kaum weggeschnitten sein werden. Die Varianten finden sich in der sonstigen Überlieferung und brauchen hier nicht aufgeführt zu werden.

Der Anfang und letzte Teil des TL gehört zu der Gruppe, die vom Marcianus 186 abhängt. Gemeinsam mit Marc. 517 und Marc. 186 z.B. 218, 12 οἷον ausgelassen; 222, 18 τινα ausgelassen; 224, 3 τῷ λογικῷ (schon PragR VI F.a. 1): τῷ λογισμῷ N AL(= B) WV(= E); 224, 11 συνεργία: σὺν εὐροίᾳ N AL WV. Entscheidend 224, 8 ψεύδεα: ψευδέας δόξας N AL WV Marc. 517, ψεύδεα von Marc. 186 hergestellt, s. dort S. 39.

Die genauere Stellung in dieser Gruppe ist nicht festzulegen. Konjektur 225, 9 ἀθανάτω: ἀγεννάτω (ἀγεννήτω, ἀγενήτω) cett.

Unabhängige Überlieferung findet sich in der Handschrift nicht; sie gehört nicht in den Apparat.

Ambr. 940

Abschrift aus Ashb. 1599 ist *Ambrosianus 940* (D 210 inf.). Beschreibung Martini - Bassi, Catalogus codd. graec. etc 1906 II, 1041; von ihnen ins Ende des 15. Jh. gesetzt. Pergament, aus zwei in der Größe verschiedenen Codices in einen Pappdeckel zusammengeheftet. Das erste Heft enthält allein den TL, das zweite Theognis. Im TL ist Titel und das beginnende T freigelassen für den Rubrikator.

Beweis für die Abhängigkeit von Ashb. 1599 ist bei völligem Zusammengehen mit dieser Hs, daß Ambr. fortlaufenden Text hat, auch wo in Ashb. Einfügungen sind. Ferner: 207, 11 γίγνεται ist vom Ashb. ausgelassen und dann von anderer Feder vor die Zeile, an anderer Stelle (vor 10 κάλλιστον), gesetzt, in Ambr. so im Text. Ambr. hat die Randlesarten von Ashb., jedoch fehlen einige, z.B. 214, 2 zu ἐνιαυσίω γρ. ἐνιαυσιαίω.

Sonderfehler von Ambr. 940 sind z.B. 205, 12 μεταβολᾶς (statt μεταβολᾶι); 206, 13 τὸ τεταγμένω (statt -ον); 215, 12 ἠρήρασται (statt -ρεισται).

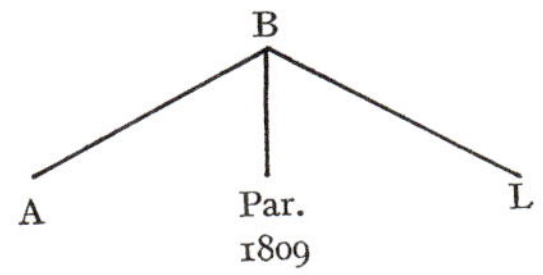

B *Parisinus graecus 1808* (Bekker B; von ihm für den TL kollationiert). Beschreibung Omont, Inv. somm. II, 146. 13. Jh., Bombycin, 360 Blatt, 34,8 x 24,5 cm. Ein Platonkodex, der Tetr. I-VII, Spur., Pyth. aurea verba, 357v-360v TL enthält. Vom TL fehlt das letzte Blatt, das den Schluß von 223, 8 ἁρμόξατο an enthielt; der Text dieses Blattes läßt sich aus den Abschriften Angel. 107 (A), Par. 1809, Laur. 59, 1 (L, s.S. 8) rekonstruieren. B ist die älteste erhaltene Handschrift mit dem TL. B kommt für den Platontext aus dem Marcianus app. class. 4, 1, vgl. Schanz: Über den Platocodex der Markusbibl. in Venedig App. Class. 4, 1, S. 47ff. Jedoch ist in Marc. app. cl. 4, 1 der TL erst später dazugesetzt und geht seinerseits über L auf B zurück (unten S. 11). B ist durchkorrigiert, ob einmal oder verschiedentlich, läßt sich nicht ausmachen. Über die Stellung von B siehe unten S. 54. B ist der Vater einer Sippe von Handschriften des TL.

Abschriften von B

A Rom, *Biblioteca Angelica 107* (olim C.1.4.) (Bekker u; von ihm für den TL kollationiert). Beschreibung G. Muccio et P. Franchi de' Cavalieri, Index codd graec. Bibl. Angelicae, StudIt 4, 1896, 143 [1]). Bombycin, 35 x 25,5 cm, 360 + 4 Blatt, durch Feuchtigkeit und Würmer beschädigt, am Anfang und Schluß besonders stark. Das letzte Blatt des TL, das letzte Blatt des Codex, ist stellenweise nicht mehr lesbar; 1933 ist der Kodex restauriert. Schöne gleichmäßige, hängende Schrift; doch ist an einigen Stellen der gleichmäßige Ductus vernachlässigt. Von Franchi ins 12. Jh. datiert.

[1] Abgedruckt in: Catalogi cod. graec. qui in minoribus bibliothecis Italicis asservantur, in duo volumina collati et novissimis additamentis aucti. Bd. 2. (Leipzig 1968), 157f.

A enthält Platon, hat genau den Inhalt von B und erweist sich im TL als Abschrift von B, ist also höchstens 13., wohl 14. Jh. und ahmt alte Schrift nach[1]). Für den Platontext ist die Abhängigkeit von B bereits nachgewiesen: Schanz, Philologus 35, 667f und sonst [2]): durch ein Mittelglied aus B, ist jedenfalls schlechter als B; vgl. Post S. 73 u. 55f.

Im TL ist Ang. 107 eine peinlich genaue Abschrift aus B; nur das in B adscribierte ι ist meist weggelassen. A ist vor der Korrektur von B abgeschrieben; er selbst ist so durchkorrigiert, daß die Korrekturen auf die alten Lesarten geschrieben sind und diese meist noch zu erkennen sind, während sie in B meist wegradiert sind. Aus A ist also oft die ursprüngliche Lesart von B zu gewinnen. Im Apparat ist dann die Lesart unter B^1 vermerkt. Ferner ist A Ersatz für das fehlende Blatt von B, soweit A bei der starken Zerstörung des letzten Blattes lesbar ist. Während in B die Korrekturen in der 2. Hälfte nachlassen und von § 58 ab so gut wie ganz fehlen, geht im Angel. die Durchkorrektur bis zum Ende.

A schreibt Wort für Wort ab, ohne einen Sinn zu suchen, z.B. 216, 2 ἀμιτρίγωνον in B^1 doppelt, so auch in A^1. Klarer Beweis für die Herkunft von A aus B ist auch: In B sind durch die Blätter des TL nebeneinander zwei Löchelchen gefressen, in A sind diese Stellen freigelassen, soweit das Wort nicht ohne weiteres klar ist, z.B. 215, 15 τọ α̣ τα B^1: τ . . . . . . A^1 τοιαύτα B^2A^2 cett; 221, 13 θνα̣ . . ει B^1: θν . . . . . A^1 θνάσκει A^2 cett (in B nicht hergestellt).

Im TL ist also Ang. 107 Abschrift von B, aller Wahrscheinlichkeit nach ohne Zwischenglied.

Sonderfehler des Ang. 107 z.B. 206, 4 θατέρων: θατέρω cett; 216, 5 τὰ τρεῖς: ταὶ τρεῖς cett; 220, 18 διαδεδομένας: διαδιδομένας cett.

Zwei Korrektorenhände sind in A zu scheiden, von denen A^3 nach A^2 liegt; so 207, 17 ὅλ   αὐτῶ A^1 ὅλα ἐν αὐτῶ A^2 (. . αὐτῷ B^2 cett) ὅλα ἐν ταὐτῶ A^3; A^2 füllt die von A^1 (wegen der Löcher in B^1) gelassene Lücke aus, A^3 führt eine andere Lesart ein.

A^3 führt z.B. folgende Lesarten ein: 205, 11 ἐντω A^1 ἐν ταυτῶ A^3 (ταυτῶ recte N); 207, 2 τάδε ἀψύχω καὶ ἀλόγω ἐστὸν καὶ σφαιροειδὲς σῶμα A^1 (BEN) τῶ ἀψύχω καὶ ἀλόγω ἐστὸν σ. σ. A^3; 207, 5 δήλετο

[1] So auch L. A. Post, The Vatican Plato and its relations. Middletown 1934 (Philological Monographs 4), S. 55. Allen, Notes on Greek Manuscripts in Italy, London 1890, 41: 14. Jh.

[2] Vgl. Wohlrab, Fleckeisens Jahrb. für class. Philologie, Suppl. Bd. 15, 1887, 677.

A¹ (B) δ'εἴλετο A³ (δ'ἥλετο E); 207, 13 ἐν αὐτάτω A¹ (BE, αὐταύτῳ scripsi) αὐτῶ A³; 208, 12 διῶκται A¹ (B) διῷκται A³ (διᾶκται recte M²).

Das genügt, um die Zugehörigkeit dieser und anderer Lesarten zu der Handschrift Paris. 1810 (unten S. 30) zu erkennen; diese sind hier jedoch nicht konsequent eingeführt, z.B. 207, 21 κρατέαται A (BEN): κρατέεται Par. 1810.

A² verbessert von B übernommene Fehler und füllt zwei Lücken aus; von ihm ist nur die Gegend anzugeben, wo er hingehört: z.B. 206, 5 zu ἐναντίαι am Rand γρ. ἐντὶ ἂν A²; so im Text E und Abkömmlinge, richtig emendiert von M² zu ἐντί· ἂν; 206, 11 ist λόγῳ γενέσθαι umgestellt mit E; 206, 16 διακρίσιες A¹ richtig mit B: διακρίσεις A²E. A² gehört also zur E-Gruppe; daß er dabei näher zu Par. 1810 gehört, ist wahrscheinlich, jedoch nicht sicher, da die betreffenden Korrekturen vielleicht doch A³ zugehören: z.B. 208, 1 δίκας A¹ richtig mit B¹E: δίκαν A² mit Par. 1810 und späteren Handschriften; 219, 10 κλήζεται A¹ mit BE: κληίζεται A² mit Par. 1810 M².

In A² und A³ liegt nichts vor, was von der uns bekannten Überlieferung unabhängig ist oder Gutes bringt; sie sind vom Apparat auszuschließen.

Par. 1809 *Parisinus graecus 1809* (Bekker C, von ihm für den TL kollationiert). Beschreibung Omont, Inv.somm. II, S. 146. Pergament, 35,3 x 26 cm, 306 Blatt (gezählt 316), 15.(?) Jh., aus dem Kloster Batopedion auf dem Athos. Ein Platonkodex in Schönschrift von einer Hand, mit demselben Inhalt in derselben Reihenfolge wie B, nur TL 310v-313r vor Pyth. aurea verba gestellt. Ein Teil des Clitophon 315v ist von anderer Hand auf den Rest des letzten Quaternio dazugeschrieben. Par. 1809 kommt aus B, Schanz, Hermes 11, 1876, 109ff. Die Abhängigkeit von B auch im TL, die nach dem gleichen Inhalt des Kodex wahrscheinlich ist, bestätigt sich, und zwar kommt Par. 1809 aus dem korrigierten B; er geht in allem mit B und B².

Daß er nicht über A aus B kommt beweist z.B. 206, 17 δέχηται B¹ (N), ων über ητ B²: δέχηται A¹, οιντο darüber A³: δέχοιντο ται, davon οιντο am Zeilenende (ται Zeilenanfang) von späterer Hand auf kleiner Rasur, darüber von erster Hand ων Par. 1809, der also ursprünglich δέχηται darüber ων wie B¹+B² hatte. Ferner sind die Sonderfehler von A nicht mitgemacht. Daß er auch nicht über L kommt, wird dadurch bewiesen, daß er dessen Sonderfehler nicht teilt.

Ein eigener Sonderfehler ist z.B. 225, 8 die Auslassung von ἐκ θεῶν τε καὶ ἀνθρώπων, wo aber Raum freigelassen ist. B muß gegen Schluß in sehr schlechtem Zustand gewesen sein. Weitere Sonderfehler z.B. 205, 12 γάρ τοι: γάρ τι cett; 208, 18 συγκεκραμένη: συγκεκραμένοι cett.

Die 2. Hand von Par. 1809 ist bei den wenigen Eingriffen nicht näher zu bestimmen.

Par. 1809 kann ab 223, 8 in einigen Fällen zur Rekonstruktion des fehlenden B herangezogen werden, wenn A nicht lesbar ist.

L *Laurentianus Plut. 59 cod. 1* (Bekker z) steht neben A und Par. 1809 und ist im TL der Vater zahlreicher Handschriften. Beschreibung Bandini Bd. 2, S. 485ff. Bombycin, 539 Blatt, 14. Jh. L ist der älteste erhaltene vollständige Platon, enthält dazu die unechten Schriften wie acht in Platon einführende oder zu dessen Verständnis dienliche, darunter auf Blatt 193r-196r den TL, zwischen Pyth. aurea verba und der Epitome zu Plutarchs Psychogonie im Timaios vor dem Timaios (198) [1]). Die Zahlen und deren Erläuterungen (beide getrennt), die zum TL gehören, sind am Ende des Quaternio hinter Plutarchs Epitome 197r + v zugesetzt, kommen also aus anderer Quelle, siehe unten S. 62f.

L kommt aus verschiedenen Vorlagen, z.T. aus B [2]). Im TL kommt er aus B. Er hat wie A und Par. 1809 die Sonderfehler von B (gegen N und E), z.B. 206, 2 ἀμόρφωτον: ἄμορφον NE; 206, 5 ἐναντίαι: ἐντὶ ἂν· E ἐντὶ ὢν N (recte ἐντὶ· ἄν); 215, 17 ἡμῖν τετράγωνον: ἡμιτετράγωνον NE; 216, 9 πᾶν: πάντη NE.

Er geht in allen Lesarten mit B nach der Korrektur. Z.B. 213, 22 κόσμον δὲ καὶ κατὰ B^2L^1: κόσμον δὲ τόνδε καὶ κατὰ A^2 (κόσμον δὲ τόνδε κατὰ recte E).

L macht weder die Sonderfehler von A noch von Par. 1809 mit, hat eigene Fehler, z.B. 213, 20 ὀρχαγὸν: ἀρχαγὸν cett; 217, 5 δὲ hinter δι᾽ ἀέρος om.; 217, 10 ὡς πῦρ — 11 κατ᾽ ἐναλλαγὰν om. (Sprung von einem κατ᾽ ἐναλλαγὰν zum andern; derselbe Fehler auch in anderen Handschriften); 218, 6 τὸ ante ἄφρον add; 219, 12 γε: τε BE: ὑγρότατα recte N; 219, 20 ῥυπᾶντα: ῥυπτᾶντα B (τ schlecht zu

[1] Nach M. Sicherl, Scriptorium 16, 1962, 51 hat diese Hs Marsilio Ficino 1462 von Cosimo de' Medici erhalten, um Platon ins Lateinische zu übersetzen; in seinem Testament hat er sie Laurentius Pierfrancisci de Medicis (c. 1458-1503) vermacht.

[2] Vgl. Post 36f.

erkennen): ῥύπτοντα N WV; 220, 18 διαδομένας: διαδιδομένας cett; 221, 8 δὲ γᾶς: δὲ τᾶς cett.

L steht also neben A und Par. 1809 und ersetzt mit diesen den verlorenen Teil von B.

L ist stark durchkorrigiert, die neuen Lesarten sind auf Rasuren, über die Worte oder an den Rand mit γρ. gesetzt. Die Zahlen und die Erklärungen, beide getrennt, die Erklärungen hintereinander geschrieben, sind später am Ende des Quaternio (197 r+v) nachgetragen, siehe oben.

Die Korrekturen und Varianten scheinen bis auf Kleinigkeiten einer Hand zu gehören. L^2 geht mit Par. 1810 (s. unten S. 30) zusammen, z.B. 206, 15 αὐτὰς Par. 1810 L^2: αὐτὰν cett; 213, 22 ἐν μέρεα Par. 1810[1] L^2: ὡράνια B; 216, 15 τούτων Par. 1810 L^2: ἴσας cett; 224, 3 τὰ δὲ om. Par. 1810 L^2; 224, 16 εὐδαίμοσι Par. 1810 L^2: δυσδαίμοσι cett.

Einige Lesarten von L^2 stehen zum Vat. gr. 228 (unten S. 33f) allein, z.B. 207, 9 καὶ vor παραδείγματα add; 209, 1 νοῦς hinter δι' ὧν add. Andere mit Par. 1810 gegen Vat. 228, z.B. 220, 23 θερότατος: θερμότατος cett. Einige zugesetzte Varianten stimmen weder mit Par. 1810 noch Vat. 228 überein, sie sind so ausgefallen, daß sie wohl auf Verschreibungen beruhen, z.B. zu 209, 1 σωματικᾶς γρ. σωκρατικᾶς; 220, 2 zu εὐώδεα γρ. κώδεα; 221, 11 zu νοέεται γρ. νέεται. Das spricht dafür, daß L^2 pedantisch eine bestimmte, nicht erhaltene Handschrift benutzt, die mit Par. 1810 und Vat. 228 zusammenhängt; sonst könnten mehrere Handschriften herangezogen sein.

Da in L^2 nichts auf eine von den Haupthandschriften unabhängige Überlieferung führt, werden seine Lesarten im Apparat nicht mitgeteilt.

Abschriften von L

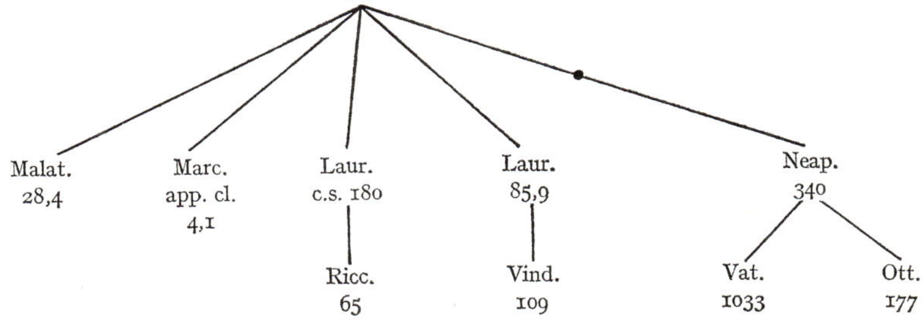

Mal. 28, 4 Aus L kommt *Cesena Malatestianus 28, 4* (Burnet M, Budé M). Beschreibung von Rostagno in The republic of Plato ed. by Jowett and Campbell, Oxford 1894, Bd. 2 App. 4, S. 157ff, vgl. Post S. 56. Bombycin, 418 Blatt, von Rostagno fälschlich aufs 12. Jh. geschätzt, sicher erst 14. Jh. [1]) Von zwei Händen geschrieben, die oft willkürlich wechseln. Ein Platonkodex, der vor dem Timaios 310r-312v den TL hat. Malat. 28, 4 ist im TL eine sorgfältige Abschrift aus L nach der Korrektur. Malat. 28, 4 geht in allem mit L oder L², macht auch dessen Sonderfehler mit. Die Varianten von L² zwischen den Zeilen oder am Rand nimmt er zum Teil in den Text auf, andere werden fortgelassen; er selbst bringt keine Varianten.

L² aufgenommen z.B. 206, 15 ἐδεῖτο: ἐδῆτο L; 206, 17 δέχοιντο: δέχηται L; 207, 9 καὶ vor παραδείγματα zugefügt. Vom Rand z.B. 207, 13 αὑτῶ: αὑτάτω L (αὑταύτῳ scripsi); 208, 12 τᾶς (τὰς L²) χρείας: τῆς χερείας L; 216, 6 σκαληνὸν: σκολιόν L (wie BEN).

Es ist eine sparsame Auswahl der einleuchtendsten Lesarten von L²; an vielen Stellen wird das Falsche, aber scheinbar Mögliche von L stehen gelassen.

Sonderfehler von Malat. 28, 4 z.B. 208, 13 ἐσάγαγε: ἐπάγαγε cett; 214, 12 παραγενόμενος: προγενόμενος cett (beides vielleicht absichtliche Änderungen); 225, 1 τῶν μὲν δειλῶν om.; 224, 7 ἀπείθεα, in L läßt sich εὐπείθεα (-θεια L²) leicht so lesen.

Gegen L richtig ist allein 220, 18 διαδιδομένας: διαδομένας L, eine Korrektur, die auch in zwei andern Abschriften von L steht, ohne daß L dazu Anlaß gibt; die Verbesserung liegt beim Schreiben nahe. Bei der genauen Übereinstimmung mit L braucht wegen dieser einen Lesart kein Zwischenglied angenommen zu werden.

Malat. 28, 4 hat an wenigen Stellen eine zweite Hand, welche dem Malat. zugehörige Lücken ausfüllt, 218, 6 τὸ vor ἄφρον streicht, 216, 14 das richtige ἁμιτριγώνου als Variante über seinen Sonderfehler ἁμιτετραγώνου setzt.

Marc. app. cl. 4, 1 *Marcianus Append. Class. 4 Cod. 1* (Bekker t, Schanz, Burnet, Budé T). Beschreibung Schanz: Über den Platokodex der Marcusbibl. in Venedig Append. Class. 4 Nr. 1. Ein Platonkodex aus

[1] Post S. 56: „but it is copied in part from B, so that it can hardly be older than the thirteenth century and it may, like u (= Ang. 107) really be even later".

Pergament, in 4 Teilen, der älteste aus dem 12. Jh., eine erste Quelle für den platonischen Text. Im Platontext ist er Vorlage von B (Par. gr. 1808, siehe oben S. 5). Der TL steht mit Plutarch περὶ τῆς ἐν Τιμαίῳ ψυχογονίας und einem Verzeichnis der platonischen Dialoge nach Thrasyllos auf 4 dem Kodex vorgehefteten Blättern, von der Hand des Kalligraphen Joa. Rhosos 15. Jh. Der Teil mit TL ist also als selbständiger Kodex zu betrachten. Er kommt aus L.

Marc. app. cl. 4, 1 geht im TL in allem mit dem korrigierten L, auch dessen Sonderfehlern, die Lücke 214, 1 ἔασσα — 3 χρόνῳ τὸν entspricht einer Zeile in L. Die Randvarianten von L² sind gleichfalls an den Rand gesetzt, die Varianten zwischen den Zeilen teils berücksichtigt, teils nicht; dabei entsteht so ein Unsinn wie 206, 17 δέχητοιν aus δέχηται L, darüber οιν το (also δέχοιντο) L². Weitere Sonderfehler z.B. 205, 8 τε vor καὶ fehlt; 205, 11 νοατά: νοατὸν cett νοατὰν scripsi); 207, 12 περιέχει: περιέχον cett. Marc. app. cl. 4, 1 hat einige belanglose Korrekturen von zweiter Hand.

Laur. c.s. 180 *Laurentianus conv. soppr. 180* (abbat. flor. 2552 olim 13) (o bei Schanz). Beschreibung E. Rostagno, N. Festa: Indice dei codici greci Laurenziani non compresi nel catalogo del Bandini, StudIt 1, 1893, 168. Pergament, 299 Blatt, 15. Jh. Ein Platonkodex, der aus L kommt (vgl. Schanz Platocodex 60 f, Post 38. 68). Dies trifft auch für den TL 1v-5v zu. Er geht in allem mit dem korrigierten L. 206, 2 ist die Variante ἄμορφον (zu ἀμόρφωτον), in L am Rand, fälschlich für ἀίδιον in den Text geraten, weil in L vor ἀίδιον ein Zeichen steht, das aber zu ὕλαν vorher gehört. Es läßt sich beweisen, daß Laur. c.s. 180 ohne Zwischenglied Abschrift aus L ist: der Seitenschluß von 193r in L entspricht dem Einsetzen einer neuen spitzen Feder in Laur. c.s. 180, 1v auf der Seitenmitte. Die Zahlen und ihre Erläuterungen, in L nach der Epitome Plutarchs zugefügt, sind nicht abgeschrieben.

Sonderfehler von Laur. c.s. 180 sind z.B. 206, 5 κα vor ἀρχαί zugefügt; 220, 9 ποτὶ vor λόγως fehlt.

Ricc. 65 Aus Laur. c.s. 180 stammt Florenz *Riccardianus 65* (Bekker 𝔤). Beschreibung Vitelli, StudIt 2, 1894, 517 [1]). Ein schönes Pergament-

[1] Abgedruckt in Catalogi cod. graec. qui in minoribus bibliothecis Italicis asservantur. Acc. Chr. Samberger, indicem adiecit D. Raffin. Bd. 1, Leipzig 1965, 182.

buch in sorgfältiger Schrift, 296 Blatt, 15. Jh. Enthält platonische Schriften, darunter 42v-51r den TL (Titel: Τίμαιος ὁ μικρός) vor der Epitome von Plutarch zum Timaios und dem Timaios, wie in seiner Vorlage. Soll teils aus Laur. c.s. 180, teils aus Par. 1809 kommen, Schanz, Platocodex 86f, Jahrb. f. class. Philol. 115, 1877, 485 und Post 69. Ricc. 65 ist im TL eine sorgfältige Abschrift aus Laur. c.s. 180, macht dessen Lesarten und Sonderfehler mit, hat eigene Fehler, z.B. 218, 14 bietet er σύμπαν statt σκέπαν, die Verlesung erklärt sich aus dem Ductus von Laur. c.s. 180; ebenso 223, 8 τα statt τε (vor εἶμεν).

Laur. 85, 9 *Laurentianus Plut. 85 cod. 9* (Bekker 𝔠 Schanz c, Post S. 66). Beschreibung Bandini Bd. 3, 257ff. Ein schöner Pergamentkodex aus dem 15. Jh. (Bandini fälschlich 13. Jh.), der wie L den vollständigen Platon mit einführenden oder stofflich verwandten Schriften wie Xenophons Symposion enthält, in etwas anderer Anordnung als L, den TL jedoch 267r-269v wie dort vor der Epitome von Plutarchs Timaiosschrift und dem Timaios. Kommt in den platonischen Schriften aus L, vgl. Schanz, Hermes 10, 1876, 173, Post 39. Im TL kommt Laur. 85, 9 gleichfalls aus L nach der Korrektur; er geht mit dessen Lesarten und Sonderfehlern und hat nicht die Sonderfehler einer der andern Abschriften von L. Kleine Eigenheiten von L sind oft völlig sinnlos abgemalt, z.B. 217, 16 κα τταῦτα; 219, 13 ἁ φὰ (statt ἁφὰ); 221, 23 αὐξόμένα (der 2. Akzent stammt in L vom Korr.); andererseits hat der Dialekt gelitten. Die Zahlen und Erläuterungen dazu, welche L am Ende des Quaternio hinter Plutarch zugesetzt hatte, sind hier (269v) hinter den TL gesetzt; entsprechend ist der Hinweis am Rand des Textes in L § 24/25 von ζτ τὰς διαιρέσεις ἐν τῷ τέλει τοῦ τετράδου zu ... τέλει τοῦ τοιούτου λόγου geändert (dazu am Rand des Nachtrags senkrecht in roter Tinte ὄπισθεν λόγου Τιμαίου τοῦ λοκροῦ). Von den Varianten und Vorschlägen von L^2 läßt Laur. 85, 9 einige beiseite, die meisten sind ebenfalls am Rand vermerkt, in anderer Tinte, aber vom Schreiber selbst. Nichts spricht für ein Zwischenglied zwischen Laur. 85, 9 und L.

Sonderfehler z.B.: 205, 12 μεταβολαῖς (trifft zufällig mit N zusammen): μετοβολᾷ cett; 207, 5 δ'ἕλετο: δ'ἥλετο L^2; 217, 4 ἁπτὸν δὲ: ἁπτὸν μὲν cett; 220, 21 καινοῦ: κενοῦ cett.

Vind. 109 Aus Laur. 85, 9 kommt im TL *Vindobonensis phil. gr. 109* (Bekker Φ Burnet V). Beschreibung (früher Nessel pars 4, p. 63-65) H.

Hunger, Katalog der griechischen Handschriften der Österreichischen Nationalbibliothek, Teil I (Wien 1961), 217f. Papier, 27 x 18 cm, 324 Blatt, von einer Hand geschrieben, 14. Jh. Eine Sammelhandschrift, nach platonischen Schriften folgt 212v-217v TL (216v-217r freigelassen, offenbar überschlagen, 218r die Weltzahlen mit den Erläuterungen darunter), dann Xenophons Symposion, Platons Briefe und nach Verschiedenem Reden von Dion von Prusa. Im Platonischen kommt Vind. 109 aus verschiedenen Quellen, vgl. Post 91. Der Zusammenhang des TL mit Xenophon führt auf Laur. 85, 9, wo dieser (Oikonomikos, Symposion) nach anderem an das platonische Corpus angefügt ist.

Vind. 109 geht gänzlich mit Laur. 85, 9; Beweis für die Abhängigkeit sind zwei Lücken in den Erläuterungen der Zahlen, welche hinter dem TL stehen; beide entsprechen Zeilen in Laur. 85, 9: 210, 17 ἐπίτριτος ⌊τοῦ ,αρνβ .... 19 ἁμιόλιος⌋ τοῦ ,αρνβ (das Stück in den Haken fehlt, Abirren eine Zeile tiefer wegen der gleichen Zahl); 211, 1 ὑπερέχει μὲν φος ⌊ὑπερέχεται δὲ .... 4 ὑπερέχει μὲν φιβ⌋ ὃ ἦν τρίτον (wieder Abirren eine Zeile tiefer wegen der ähnlichen Wortfolge). Weitere Sonderfehler sind 218, 6 λογιστικὸν: λογικὸν cett; 219, 9 ὀνυμαίεται (Vermischung der Varianten ..αινεται und εεται von Laur. 85, 9); 223, 11 ἀνδρίαν: ἀνδρειότατα cett. Der Dialekt ist weiter abgeschwächt.

Neap. 340 Zu den vier von L abhängigen Handschriften kommt schließlich Neapel *Biblioteca Nazionale 340* (III E 18), ein sorgfältig geschriebener Pergamentkodex, an Anfang und Ende durch Feuchtigkeit beschädigt, 295 Blatt. Ein Platonkodex, der TL steht mit der Epitome Plutarchs zusammen (im Index von Cyrillus nicht vermerkt). Beschreibung Cyrillus Bd. 2, 451; C. datiert Ende des 14. Jh. Nach Post 72 gehört er in der Politeia zu L. Im TL erweist er sich als überarbeiteter Text, aus L kommend. Er geht mit L oder L^2, hat keinen der Sonderfehler der andern Abkömmlinge von L. Beispiele für seine Art von Konjekturen sind: 217, 18 γᾶς: ὑγρὸν cett; der Bearbeiter stieß sich an der eigenartigen Aufteilung in ὕδωρ und ὑγρόν, brachte damit aber eine Überschneidung zum folgenden πακτῶ hinein. Das unverständliche χειρήγματα 207, 9 von L macht er zu χειρουργήματα. Die schwierige Stelle 222, 13 versucht er durch Zusatz von ἄρχειν ἢ vor ἄρχεσθαι zu bessern; 224, 11 schreibt er aus L, L^2 und eigenem Zusatz ἐπὶ τὸν σύμμετρον βιοῦν χρόνον βουλομένοις εὐδαιμόνεσιν (ἐπὶ τὸν σύμμετρον βίω χρόνον εὔδαῖμον ἐστίν L γρ.

εὐδαιμόνεσιν L^2). Wie wenig eindringend die Bearbeitung aber ist, zeigt, daß er, wie alle Abkömmlinge von B, 207, 12 das unsinnige αἰσθητὰ ζῶα statt νοατὰ ζῶα und 216, 17 dem Oktaeder acht Ecken beläßt (ὀκτὼ γωνίας B).

Zu den Sonderfehlern von Neap. 340 gehören zwei Lücken: 220, 8 (mit Änderung) καὶ ἁ μὲν συντεταγμένη ποτὶ λόγως: καὶ συναγμένα μικρά, ἁ δὲ τεταγμένα ποτὶ λόγως $L+L^2$. Ferner 222, 14 ἢ κάρρον ἐν αὐτᾷ εἶμεν (so L^2) om.; diese Worte verteilen sich in L auf Zeilenende und -anfang, was ein Überspringen ausschließt. Das legt ein Zwischenglied zu L nahe. Die Änderungen werden dieser Vorlage gehören, da wir in Neap. 340 einen Schönschreiber vor uns haben, dem ein Fehler wie μοίαν μοῖραν statt μίαν μοῖραν zuzuschreiben ist.

Die Lesarten von Neap. 340 stehen in zwei weiteren Handschriften, Vat. gr. 1033 und Ottob. 177.

Vat. 1033 *Vaticanus graecus 1033*. Er ist noch nicht im gedruckten Katalog beschrieben, ich bin daher etwas ausführlicher. Er ist die einzige Hs, die neben dem TL auch eine lateinische Übersetzung von ihm enthält. Einheitliches Papier, 21 x 14 cm, IX + 80 Blatt (= 8 Lagen), davon Iv-IXv, 19v-24v, 52v-56v, 63r-78r leer. 1r-14v TL, 15r-19r Epitome zu Plutarchs Psychogonie im Timaios, 25r-39v lateinische Übersetzung des TL (Überschrift: Timaeus Locrensis De mundi anima), 41r-44r lateinische Übersetzung der Epitome, 44v-52r Franciscus Cataneus Diacetius Panegyricus in amorem (nach einem kurzen Vorwort des gleichen Autors an Jo. Corsius und Pallas Ovicellarius), 57r-67v Euklids εἰσαγωγὴ ἁρμονική (= κατατομὴ κανόνος, siehe C. Jan, Musici script. graeci 148-166), 78v Zeichnung und Beschreibung der musikalischen Proportionen der Gestirnsabstände, 80v Aufzählung der Wunderwerke der Architektur und Plastik. Der Kodex ist als einheitliches Buch von naturphilosophisch-mathematischen Schriften gedacht, im Umkreis von Platons Timaios. Durch Papier, Schrift, die Aufnahme des Gattani und eine Eintragung im inneren Rückendeckel von 1506 ist er aufs Ende des 15. Jh. datiert. Er gehört, wie die Aufnahme von Francesco Gattani zeigt, in den Kreis des Florentiner Platonismus [1]).

[1] Francesco Gattani da Diacceto, maior, 1466-1522, war Nachfolger seines Lehrers Marsilio Ficino als Professor der platonischen Philosophie an der Universität Florenz, Verfasser u.a. von De amore (3 Bücher) und dem Panegyricus in amorem; er hatte einen großen Schülerkreis. Über ihn ver-

Wofür die erste Lage freigelassen ist, ist unsicher (Schlußmythos von Platons Staat? vgl. seine Vorlage im TL Neap. 340, der die ganze Politeia bringt, und seinen Bruder Ott. 177, siehe unten). Die lateinischen Notizen auf Ir, über Platons Kauf der pythagoreischen Bücher und sein Plagiat im Timaios, einmal mit Verweis auf Jamblich — vgl. test. 11a —, ein andermal mit Verweis auf Constantinus Lascaris, der diese Geschichte auch bringe, stammen von der Hand des bedeutenden Sammlers von Handschriften am Anfang des 16. Jh. Angelo Colocci, wie Professor A. Campana, Rom, auf Befragung erkannt hat [1]). TL und Plutarchs Epitome sind hintereinander geschrieben, für die lateinischen Übersetzungen sind jeweils eigene Lagen vorgesehen, d.h. für andere Vorlagen. Die Hand der Übersetzungen dürfte von der des griechischen Textes verschieden sein; von der gleichen Hand wie die Übersetzungen ist die Abhandlung des Gattani, die über einen ähnlichen Themenkreis geht, unmittelbar angefügt worden, während der Euklid wieder auf einer eigenen Lage beginnt. Glossen und Ergänzungen am Rand des griechischen Textes des TL sind von einer späteren Hand. Die lateinische Übersetzung ist an Hand des griechischen Textes von Vat. 1033 durchgegangen worden, wie einige Zufügungen griechischer Stellen bei Lücken und schwierigen Stellen (aber keine durchgängige genaue Vergleichung) zeigen, und zwar von derselben Hand, die den griechischen Text geschrieben hat; das erklärt sich dadurch, daß der lateinische Text von anderswoher und wohl von einer anderen Hand kommt, vielleicht auch zuerst geschrieben worden ist, vor dem griechischen Teil. Ein weiteres Mal ist mit roter Tinte sowohl der griechische wie lateinische Text durchgegangen, vor allem zu Interpunktionshilfen und Inhaltsmarkierungen am Rand.

In der Tat gehört die lateinische Übersetzung des TL nicht zu dem griechischen Text der Hs, sondern stammt von Gregorius Tiphernas (Castellanus) und ist nach Angelicanus 63 gefertigt, siehe unten S. 48.

gleiche M. E. Cosenza, Dictionary of the Italian humanists, 2, 943 und 5 sub Cataneus, Franciscus maior. Die lateinische Übersetzung von Plutarchs Epitome stammt nach P. O. Kristeller, Iter Italicum, London 1962, Bd. 2, 388 von Jo. Corsius. Seine Vermutung (auch in Studies in Renaissance thought and letters, Rom 1956, 190), daß auch die des TL von ihm stamme, ist hinfällig; sie gehört Gregorius Tiphernas, vgl. unten S. 48.

[1] Zur Bibliothek des Angelo Colocci vgl. S. Lattès: Recherches sur la Bibliothèque d'Angelo Colocci, Mélanges d'Archéologie et d'Histoire 48, 1931, 308-344; in seiner Liste der identifizierten Handschriften fehlt Vat. gr. 1033.

Ott. 177 *Ottobonianus 177*, Rom, Bibliotheca Vaticana. Kurze (ungenaue) Beschreibung bei E. Feron, F. Battaglini 1893 (TL dort nicht im Index). Papier, 21 x 13,5 cm, 243 Blatt. Der Kodex besteht aus verschiedenen Teilen von verschiedenen Händen. Auf Hermes Trismegistos Poimandres folgen platonische Dialoge oder Stücke daraus.

Der letzte Teil ab f. 220 (neue Lage, das Vorhergehende offenbar verloren) gehört wohl noch ins 15. Jh. (sonst meist 16.). Er enthält ein Stück aus dem 6. Buch und den Anfang des 7. Buches von Platons Politeia, ab 228r den Schlußmythos ab 614a6, dann 234v-243v den TL.

Vat. 1033 und Ott. 177 kommen nebeneinander aus Neap. 340. Sie gehen in allen Lesarten mit ihm. Sonderfehler von Vat. 1033 z.B. 205, 14 eine Lücke von γὰρ τὰ — 206, 1 ἐναπομαξαμέναν, veranlaßt durch die gleiche Endung -ξαμέναν (in Neap. 340 untereinander); 214, 21 ποθέν πων (statt ποθέρπων, in Neap. ein kleiner Zwischenraum vor -πων); 221, 4 nach ἀντεπιφέρεται fehlt εἰς τὸ σῶμα. Sonderfehler von Ott. 177 z.B. 219, 3 ἀλγεινὰς (statt -αὶ); 220, 4 μὲν ausgelassen; 221, 16 δυνάμεες (statt -ιες). Da die Abweichungen von Neap. 340 nur gering sind, läßt sich nicht mit Sicherheit sagen, ob Ott. 177 aus Neap. 340 oder dessen Vorlage kommt, was jedoch unwichtig ist. Das Gleiche gilt für Vat. 1033, zumal da ein versehentliches falsches Fortfahren auf einer neuen Seite, offenbar nach Unterbrechung (§ 66 221, 10 nach φθί — am Rand σις zugesetzt — mit § 14 207, 22 μένει δ' ἐν bis § 15 208, 1 ἐστ[άθη, der Schreiber merkt den Fehler also mitten im Wort) aus Neap. 340 nicht zu erklären ist; wahrscheinlich war am Rand der Vorlage zu § 14 207, 22 φθίσιν als Inhaltshilfe φθίσις markiert (dergleichen in Vat. 1033), was zu der falschen Fortsetzung den Anlaß gab.

E Die größte Gruppe der TL-Handschriften geht zurück auf die Handschrift im Escorial y I 13, neue Zählung cod. gr. 306. (Ungenaue) Beschreibung bei G. de Andrés, Catalogo de los Codices Griegos de la Real Biblioteca de El Escorial 2, 1965, 190f (im Index Bd. 3 TL fälschlich unter Platon aufgeführt), und früher bei E. Miller, Catalogue des mss grecs de la bibliothèque de l'Escurial, 1848, 266. Ein Platonkodex auf dunklem, gelblichem Papier, 31,6 x 24,3 cm, 331 Blatt, von verschiedenen, mindestens drei Händen geschrieben. Auf Platon Tetralogie I — VIII 2 (Resp.) folgen jetzt Index, Albinos Eisagoge und auf 3 Seiten (320v-321v), sehr gedrängt geschrieben, TL bis § 53 ἀφὰ μὲν, ein Blatt mit dem Rest ist verloren. Der dann folgende Timaios ist von einer Hand des 15. oder 16. Jh. geschrieben, auf anderem Papier. Der Index (auf dem gleichen Papier wie TL) nennt die Folge TL (Πλάτωνος λόγος οὗ ἐπιγραφὴ τιμαίω λοκρῶ περὶ ψυχῆς κόσμου καὶ φύσιος, die Schrift ist also versehentlich Platon selber zugeschrieben, daher wohl die falsche Einordnung im Index des Katalogs), Timaios, Euthyphron, Apologie usw; zur Zeit, in der der Index angefertigt worden ist, begann der Kodex also mit TL und Timaios (Albinos Eisagoge auf der Rückseite des Index 319v und der freigelassenen Seite 320r ist also später zugefügt, was die Schrift bestätigt). Als das letzte Blatt des TL und der Timaios stark beschädigt oder ganz verloren waren, ist das letzte Blatt des TL nicht ersetzt worden, wohl aber der Timaios, und dann ist dieser Teil, Index bis einschließlich Timaios, im neuen Einband hinten angebunden worden, offenbar nach der Tetralogienfolge, ohne Rücksicht auf die Stellung des Index selber und die dort verzeichnete Folge. Da Blatt 321, das letzte des TL, stark zerknittert ist, müssen diese Blätter (319-321) längere Zeit ohne Einband gewesen sein, also wohl nach Verlust des Schlusses des TL und des ganzen Timaios [1]). Wann TL und Timaios an den Beginn der platonischen Schriften gesetzt sind (gegen die Tetralogienordnung), ist unbekannt; vielleicht schon in der Vorlage, vielleicht in diesem Kodex. Die Hand des TL scheint im Kodex auch sonst aufzutauchen (f. 1-4 Euthyphron und der Beginn der Apologie, bei Kleitophon und in der Politeia, doch war mir das nicht ganz eindeutig). Das spricht dafür, daß TL (und Timaios) für diesen Kodex geschrieben worden sind. Dann müßten sie aber vor Anfertigung des Index am Ende gestanden haben, da nur so Beschädigung und Verlust der Blätter, wahrscheinlich gleichzeitig mit den sonstigen Wasserschäden im Kodex, erklärbar sind, nicht am Beginn (wo doch der Anfang des TL relativ gut erhalten ist). Doch wäre auch eine selbständige Existenz mög-

[1] Darauf, daß der Index und TL früher, bei Anfertigung des Index, am Anfang des Kodex gestanden haben müssen, haben schon M. Schanz (Über den Codex y I 13 des Plato, RhM 24, 1879, 132-134) und Ch. Graux (Essai sur les origines du fonds grec de l'Escurial, 1880, 92 A 1) hingewiesen, allerdings mit dem Irrtum, daß auch der jetzige Timaios dem alten Kodex angehört hat; genauer Post 81: es ist wahrscheinlich, daß 319-321 einmal am Beginn des Kodex standen (freilich ohne den Albinos).

lich. Dafür könnte das Format sprechen, das etwas größer als das des sonstigen Platonkodex gewesen zu sein scheint, wie das Hinausragen von Glossen und Ergänzungen über den jetzigen Rand wahrscheinlich macht. Das Beschneiden des TL (und Timaios) müßte dann für den Kodex, den der Index eröffnet, vorgenommen sein (ein zweites vielleicht für den jetzigen Kodex, als er der Bibliothek des Klosters San Lorenzo einverleibt wurde).

Der Kodex hat durch Wasser gelitten und ist stellenweise unlesbar. Den TL habe ich z.T. am Original nur mit der Lupe und an Original und Fotokopien unter Heranziehen der verwandten, gut lesbaren Hs W (die ich wie V erst später als Abschrift aus E festlegen konnte) genau lesen, vor allem nur so die Korrekturen bestimmen können. Die Schrift ist meist gedrängt, zuweilen schwankend in der Größe, mit vielen Ligaturen. Die Datierung im Katalog von G. de Andrés (saec. XIII inc., ff. 252-331 saec. XV med.) ist für den TL falsch (nur der später zugefügte Timaios gehört ins 15. oder 16. Jh.). Die Schrift des TL kann nach Auskunft von P. Canart (Bibl. Vaticana) mit ziemlicher Bestimmtheit auf Ende des 13., höchstens Anfang des 14. Jh. datiert werden und gehört nach Byzanz. Die Handschrift ist aus dem Nachlaß des gelehrten Juan Paez de Castro († 1570) 1572 im Auftrag von Philipp II. in den Besitz des Klosters San Lorenzo im Escorial übergegangen, mit zahlreichen andern griechischen Handschriften und Drucken [1]). Paez, der sich vor allem für Platon und Aristoteles und deren Kommentatoren interessierte und solche Drucke und Handschriften zu erwerben suchte, hat die Handschrift sicher aus Italien mitgebracht, sei es daß er sie während der Zeit des Trienter Konzils in Venedig erworben hat oder auf seiner italienischen Reise danach an anderm Ort, etwa Süditalien [2]).

Erst wiederholte Überprüfung brachte gegen die Datierungen der Kataloge den Erweis, daß im TL E die Vorlage von W und V ist und an den Anfang der ausgebreiteten Verästelung gehört. L.A.

---

[1] Vgl. Ch. Graux, Essai sur les origines du fonds grec de l'Escurial, Paris 1880, 79ff, bes. 92; dort überhaupt über Leben und Sammeln des Paez. Danach P. A. Revilla, Catalogo de los codices griegos de la Biblioteca de El Escorial 1, Madrid 1936, LVIII.

[2] Die Bemerkung im Katalog von Andrés, daß die Hs ursprünglich Demetrios Trivolis (belegt 1456-1481) gehört zu haben scheint, ist, soviel ich sehe, ohne Grund. Von Trivolis geschrieben ist die Platonhandschrift des Escorial Ψ I 1 (jetzt cod. gr. 421), laut Subscription 1462; eine Verwirrung liegt schon vor bei Vogel-Gardthausen, Die griech. Schreiber, 105 A 6, auf den Andrés verweist.

Post's Hinweis (81f) "A study of this manuscript might clear up some disputes about the relation of other manuscripts" hat sich im TL bestätigt.

E enthält an den Rändern einige Glossen von gleicher Hand, die bei der Beschneidung z.T. angeschnitten, z.T. durch Stehenlassen dieser Randstellen und Einbiegen erhalten sind, z.T. auch bei der Restauration des letzten Blattes überklebt worden sind. Sie sind meist durch W erhalten. An den unteren Rändern von S. 1 und 2 (320v 321r) steht in kleiner Schrift von der gleichen Hand der erste Teil der Erläuterungen zu den Zahlen (ohne diese selber), was die Abschrift W mitmacht (siehe unten), der Rest muß in normaler Schrift am Ende gestanden haben, wie die Abschriften W und V beweisen (siehe unten). Die Zahlen, von Doppelkreisen eingerahmt, beginnen auf 321v am unteren Rand (1.-7.), sie müssen sich auf dem folgenden Blatt an den unteren Rändern und der Rest (ab 23. Zahl) zwischen Ende des Texts und Beginn des 2. Teils der Erläuterungen wie in V (dort von der 23. Zahl ab) fortgesetzt haben. E ist durchkorrigiert, z.T. mit Rasuren, ob von der gleichen Hand, ist nicht auszumachen, z.T. jedenfalls in anderer Tinte. Es ist aber auch im Schreiben verbessert worden. Von dem Korrektor sind Lücken ausgefüllt worden, der Text ist am Rand in kleiner Schrift nachgetragen (die Lücken tauchen in den Abschriften W und V nicht mehr auf): § 42 217, 18 nach πακτόν Lücke bis einschließlich πακτόν 19, also Sprung von einem πακτόν zum andern; dieselbe Lücke in B, siehe unten S. 54; § 33 216, 6 nach ἁμιτετράγωνον Lücke bis einschließlich ἡμιτετραγώνων 7, also wieder ein Sprung bei fast gleichen Wörtern; dieselbe Lücke in B. Auffällig ist die Hervorhebung des Titelsatzes durch größere und stärkere Schrift und Abstand zum Folgenden (in den Abschriften W und V ist nur der Abstand mitgemacht): entweder gelehrte Anordnung des Schreibers oder schon in der Vorlage, vielleicht als eigene, größer geschriebene Zeile (nichts dergleichen in B und N).

Stellung und Wert von E lassen sich durch den Vergleich mit B und N und der indirekten Überlieferung beurteilen, siehe S. 54f.

Abschriften von E

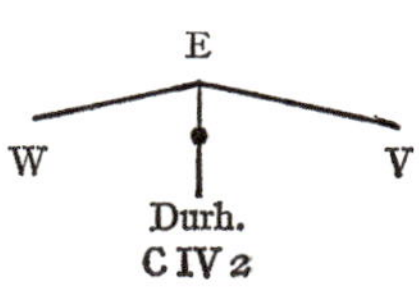

Aus E stammt über W und Marc. 185 (= V) die größte Sippe der TL-Handschriften ab.

W W nenne ich die wichtige Platonhandschrift Wien, Nationalbibliothek, *Vindobonensis suppl. graec.* 7 (Stallbaum Vind. 1, Schanz V, später W, so auch Burnet). Beschreibung (frühere Literatur siehe Hunger S. 14) H. Hunger, Katalog der griechischen Handschriften der Österreichischen Nationalbibliothek. Supplementum Graecum (Wien 1957), 13f. Pergament, 637 Blatt, 34,5 x 24,5 cm. W besteht aus drei Teilen: 1. Platon Tetral. I-VII, ins 11. (Hunger, oder 12.) Jh. gesetzt; 2. die Fortsetzung Tetral. VIII bis zum Timaios (Schluß ab 91d fehlt), von Hunger ins 14. Jh. gesetzt (früher meist 12. Jh.); 3. 632r-637v TL, früher meist auch noch ins 12. Jh. gesetzt, von Hunger ins 15. (wie auch einige Blätter vorher). Der altertümliche Ductus der Schrift erklärt sich offenbar aus einer Angleichung an die alten Teile des Kodex. Eine Datierung des TL nach 1314 (N) ist auf jeden Fall dadurch gesichert, daß die Weltzahlen und ihre Erläuterungen in W über E aus N kommen. Verschiedenes hat mich früher über das Verhältnis dieser Hs zu E nicht klar sehen lassen, so daß ich in der Vorausgabe bei Thesleff W neben E gestellt habe. W ist aber, wie mich ein erneuter genauer Vergleich der Photokopien belehrt hat, Abschrift aus E, nach dessen Korrektur. Meine Angaben bei H. Thesleff (The Pythagorean Texts of the Hellenistic Period 204f) sind also zu berichtigen und W ist aus dem kritischen Apparat zu entfernen, soweit W nicht zusammen mit V den verlorenen Teil von E ersetzt. Die Textkonstitution wird dadurch allerdings nicht beeinflußt, da W ganz eng mit E geht.

W und E stimmen in allen Einzelheiten bis in die Schreibweise überein, d.h. W hat E so getreu wie möglich abgeschrieben (so einen langen Verbindungsstrich zwischen getrennten ἰσο und δυναμία § 14; 215, 17 einen geschwungenen Strich unter ἡμιτετράγωνον [ἡμῖν τετράγωνον B, ἡμιτετράγωνον richtig N]). W schreibt also unsicher und mit äußerster Vorsicht ab. Gemeinsame Lücken sind 205, 8 συναίτια: συναίτια ὄντα B^2 συναίτια οἷον N; 215, 12 βάσις: βάσις τῶν ἄλλων BN Simpl. Eigentümlichkeiten von W erklären sich aus E, z.B.: Von den Erläuterungen zu den Zahlen (von ihnen getrennt) stehen in E in kleiner Schrift zwei Abschnitte am unteren Rand der beiden ersten Seiten (320v, 321r). Die gleichen Abschnitte stehen in W am unteren Rand der 2. (632v) und 5. (634r) Seite; das Freilassen auf den Seiten dazwischen erklärt sich daraus, daß W viel breiter geschrieben ist als E, die Erläuterungen aber in Verbindung mit dem in E darüberstehenden Text (den sie inhaltlich nicht haben) bleiben sollten. Auch die Verteilung der Zahlen an den unteren Rändern erklärt sich aus E. W hat ferner den Rest der Erläuterungen dem TL-Text in gleich großer Schrift angefügt (weshalb in Prag R VI F.a.1 von W nur dieser Teil der Erläuterungen abgeschrieben worden ist); er muß auch in E in größerer Schrift (weil mehr Platz da war) als die Abschnitte am unteren Rand am Ende angefügt gewesen sein, auch weil nur dies Stück im Marc. 185 (= V) am Ende übernommen ist. Weiterer Beweis für die unmittelbare Herkunft aus E ist: 218, 8 ἱδρυμένον E, über μένον ται, dazu Akut auf dem Anfangsjota, also die Varianten ἱδρυμένον und ἵδρυται (dies BN): ἵδρυται μένον W (von da in die Vulgata, auch in V); die zwei Punkte unter μένον, mit denen es in E gepunktet ist, sind entweder von W übersehen oder später gesetzt. Sonderlücke von W ist 213, 21 τῶν δὲ γεννατῶν: τῶν δὲ γεννατῶν ἕκαστον EBN. Alle Stellen, wo W von E abweicht, sind entweder Sonderfehler von W (z.B. 213, 19 λόγω: ὅλω EBN), zum Teil aus Verlesungen der Schreibweise von E erklärlich, so 206, 16 τὰς: ταὶ (in E als τὰς lesbar), oder Änderungen, die im Schreiben zu finden sind (z.B. 205, 9 αἰσθητόν τι: — τοὶ EB [— τὸ N, richtig]).

Nichts legt nahe, ein Zwischenglied zwischen E und W anzusetzen, W ist vielmehr direkte Abschrift aus E. Für den verlorenen Teil von E (ab § 53 προκρίνει) tritt W ein, zusammen mit V, der zweiten Abschrift aus E, um die Möglichkeit von Sonderfehlern von W auszuschließen.

V Neben W ist im TL Abschrift aus E *Marcianus f. a. 185* (= V, Bekker Π, Schanz, Burnet D). Beschreibung Zanetti 106. Ein jetzt unvollständiger Platonkodex auf Pergament, 349 Blatt, in dem zwei Bogen mit dem TL vorgeheftet sind (an den Rändern gedunkelt, nicht ganz grade geschnitten, also ursprünglich ungebunden und dann für den Kodex zugeschnitten). Die nicht immer gleichmäßige Schrift kann man aufs 14. Jh. schätzen, durch den Abkömmling Laur. conv. soppr. 103 ist 1358 der terminus ante (die

Schätzung des Hauptteils scheint ganz unsicher, vom 12. bis zum 15. Jh. [1]).

V geht wie W eng mit E nach der Korrektur, bei den Sonderfehlern von W mit E, hat eigene Fehler, kommt also aus E.

Mit E (+B) gegen die Fehler von W z.B. 213, 19 ὅλω: λόγω W; 214, 2 ἐνιαυσίῳ: ἐνιαυσιαίῳ W; 215, 7 ἑστία: ἐστί W; 217, 8 ξυναρμόξατο: προσαρμόξατο W; 217, 17 ῥέον darüber ῥυτόν E: ῥέον, am Rand γρ. ῥυτόν V: ῥέον W. Das Randscholion zu 207, 15 μεμόρακται: μεμύηται ἤτοι πεποίηται· ἤσκηται mit E, es fehlt in W. V geht, soweit E vorliegt, nirgends mit W gegen E.

Sonderfehler von V sind z.B. 206, 13 πρὸς τῶ: πρὸ τῶ EW; 206, 15 αὐτὰς: αὐτὰν EW; 216, 15 τούτων: ἴσας EW; die Lücken 209, 6 εἶμεν: εἶμέν πως EW; 215, 11 πῦρ τε ἔρημον ὑγρῶ ausgelassen (Sprung von ὑγρῶ zu ὑγρῶ); 219, 13 ἀφὰ μὲν ausgelassen.

Die Anordnung der Zahlen auf den unteren Rändern und nach dem Text erklärt sich aus E als Vorlage. Von den Erläuterungen bringt V, in der gleichen Hand, die den Text geschrieben hat, nur den Teil, der auch in W an den Text anschließt, also in E groß am Ende gestanden hat (siehe oben S. 19). Ein Vergleich von E und V ist in den Erläuterungen nicht möglich, da E im zweiten Teil fehlt, der erste Teil in V (wegen der kleinen Schrift in E) nicht übernommen ist. Der Vergleich von V und W gegenüber N im zweiten Teil der Erläuterungen zeigt zahlreiche V und W gemeinsame Fehler (z.B. 211, 13 θʹ VW: ιθʹ N richtig; Lücken 212, 16f τοῦ δὲ τελευταίου VW: τοῦ δὲ τελευταίου λείπει γʹ N; 212, 24 τῶ τπδʹ VW: τῶν γὰρ τπδʹN). Sonderfehler von V (z.B. 211, 12 τοῦ ,βτδ ὁ ιεʹ: ὁ ,βτδ τοῦ ιεʹ WN; 212, 15 τοῦ δὲ τοῦ λςʹ: τοῦ δὲ λςʹ WN), und Abweichungen von W (z.B. 212, 16 hinter τοῦ κηʹ keine Interpunktion, also τοῦ κηʹ τοῦ τελευταίου: Interpunktion in VN (in N allein die Fortsetzung λείπει γʹ). Der Vergleich ergibt also das gleiche Bild wie beim Text des TL: V und W gehen auf *eine* Vorlage zurück, nach dem Befund beim Text E.

E hat eine richtige Korrektur gegen N: 212, 12 ἐπίτριτος ὁ ,ςϡιβ (6912): ,ςλβ N; da die richtige Zahl auch in N unmittelbar vorhergeht, bietet die Korrektur sich an. Auf eine Korrektur in der Vorlage von E muß der Befund bei der 25. Zahl zurückgehen: die Differenzzahl ist in N υπβʹ (482), richtig ist υλβʹ (432); in V und

[1] 15. Jh. Plato oeuvres compl. IX 1 Πολιτικός ed. A. Diès (Coll. Budé), Sigles.

W (= E) steht τετράκις πβ' (4·82 = 328), unsinnig; die falsche Zahl von N wird, da auch L diese Lesung hat, in der Vorlage von E und L verbessert und diese Verbesserung in beiden gleich mißverstanden gewesen sein (über das Mittelglied zwischen E und N in den Zahlen siehe unten S. 62f).

V ist mit W in dem Teil, wo E fehlt, zu dessen Rekonstruktion heranzuziehen. Eindeutige Sonderfehler von V werden wie solche von W zur Entlastung des Apparats nicht aufgeführt.

Die wichtigsten neben den oben angeführten seien hier genannt, da V Ahn eines größeren Zweiges ist. 219, 16 θερμόν τε καὶ λεπτομερὲς καὶ: θερμὸν λεπτομερές τε καὶ WBN; 220, 7 βραδεῖα ὀξεῖα: βραδεῖα βαρεῖα WBN; 220, 19 ἀρδομένα: ἀρδομένας WBN; 222, 2 τὰ τῶν καρρόνων χῶραν: τὰν . . . WBN; 222, 10 ἔρωτες γὰρ πόθοι: ἔρωτες γὰρ καὶ πόθοι WBN; 224, 3 καὶ ποταναγκάζοντι: τὰ δὲ καὶ π. W(B)N; 224, 16 εὐδαίμοσι: δυσδαίμοσι W(B)N. Einige dieser Sonderfehler werden bei den Abkömmlingen von V korrigiert.

Marc. 185 ist durchkorrigiert worden, am Anfang stärker, in der zweiten Hälfte bleibt der Korrektor ganz weg. Sämtliche Korrekturen stimmen mit den Korrekturen von Marc. 517 überein (siehe unten S. 35ff); da Marc. 517 mehr hat und bis zum Ende durchkorrigiert ist, werden die Korrekturen von Marc. 185 aus Marc. 517 stammen.

Abschriften von V

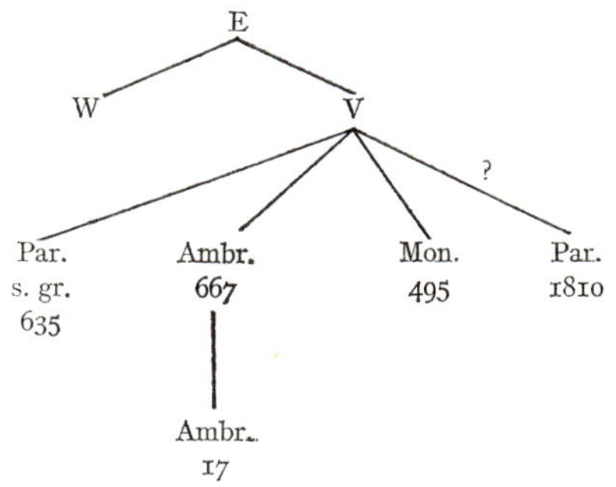

Par. s. gr. 635 Abschrift aus V (Marc. 185) vor dessen Korrektur ist *Parisinus suppl. graec. 635*. Beschreibung Omont, Inv. somm. III, 287f. Das Buch, durchweg Papier, zusammen 79 Blatt, ist aus verschiedenen Stücken zusammengesetzt. Nach einem älteren, stark beschädigten Bruchstück aus Galen ist der Quaternio eingeheftet, welcher den TL enthält. Die Ränder sind stark beschnitten, um den Quaternio in den Band einzupassen, seitlich sind Randglossen, oben ist sogar Text weggefallen. Auf der ersten Seite des TL unten steht ein Vermerk, daß dieser Quaternio am Anfang des Buches von (Name unleserlich) war. Die Schrift ist steif, soll Schönschrift sein, verläßt jedoch stellenweise diesen Charakter. Zahlen und Erläuterungen wie in Marc. 185. Par.s.gr. 635 geht in allem ohne Verständnis mit Marc. 185 vor Korrektur, macht z.B. die Dittographie von τουτέων 207, 19 (schon in E) und 20 das ἰσο—δυναμία weiter mit; die Varianten von M 185 sind genauso gegeben.

Sonderfehler, die unmittelbare Herkunft aus V verraten, sind z.B.: 217, 8 das bei χρήσει in Marc. 185 herübergeschriebene ζ ist als ε (auch darüber) gelesen; 221, 20 ταγγεδόνες aus ταγεδόνες mit κ über dem γ in Marc. 185, die Variante ist verlesen und in den Text gekommen; 222, 12 τὸ γὰρ vor ἁπλῶς δὲ erklärt sich so, daß in M 185 am Zeilenende ἐντὶ· ἁ<πλῶς> und ἐστι· τὸ γὰρ untereinanderstehen. Der Schreiber ist also beim Neueinsetzen eine Zeile tiefer abgeirrt, hat dann die richtige Fortsetzung oben gefunden, ohne das falsche τὸ γὰρ zu streichen. Die Lücke 224, 12-13 εὔδαιμον — ἐπὶ τὸν entspricht einer Zeile von M 185; dort steht am Zeilenende untereinander zweimal εὔδαιμον, das Auge ist beim Abschreiben vom ersten zum zweiten gegangen.

Ambr. 667 Neben Par.s.gr. 635 kommt aus Marc. 185 *Ambrosianus 667* (Q 13 sup.). Beschreibung Martini - Bassi II, 747ff. Ein Miszellankodex, 339 Blatt Papier, von verschiedenen Händen, 15. oder 16. Jh., enthält viel Mathematisches und Astrologisches, auf 152v-158r den TL in einer flüchtigen, kleinen Schrift. Gegenüber Marc. 185 (und Par.s.gr. 165) fehlen die Zahlen und Erläuterungen dazu. Ambr. 667 geht genau mit Marc. 185, die Abweichungen betreffen nur Kleinigkeiten wie 208, 2 πρᾶττον: πρᾶτον Marc. 185; 208, 16 κινάσσιων: κινάσιων Marc. 185; 219, 19 ἔστι: ἔτι Marc. 185 (als ἔστι lesbar). Die Korrekturen von Marc. 185 liegen — im Unterschied zu Par. s.gr. 635 — schon vor. Die Lücke von Par. s.gr. 635 224, 12-13 hat er nicht. Andererseits hat er eine eigene Lücke 221, 5 ὑπὸ τῶ — 6 ἐκκριθέντος; sie ist aus Marc. 185 zu erklären, wo ἀπαναλωθέντος und ἐκκριθέντος untereinanderstehen. Ambr. 667 steht also als Abschrift aus Marc. 185 neben Par.s.gr. 635.

Ambr. 17 Abschrift aus Ambr. 667 ist *Ambrosianus 17* (A 80 sup.). Beschreibung Martini-Bassi I, 16ff. Papier, III + 359 Blatt, 15. Jh. Ein Miszellankodex, der in einigen Stücken mit Ambr. 667 übereinstimmt und darin Abschrift von ihm ist, wie schon der Katalog sagt. Im TL 245v-254r geht Ambr. 17 völlig mit Ambr. 667, hat daneben eigene Fehler, z.B. 221, 14 γένος om.; 16 τὰς ἁπλὰς: ταὶ ἁπλαὶ Ambr. 667. Bei einem Vergleich von Abschrift und Vorlage bemerkte der Schreiber eine Auslassung 215, 11 χωρὶς ὑγρῶ καὶ ὕλας (so, seinerseits lückenhaft, in Ambr. 667), trug sie mit blasserer Tinte nach; ein Zeichen von derselben Tinte in Ambr. 667 kennzeichnet diese Stelle; es ist also kein Zwischenglied anzunehmen.

Am Schluß steht ein Scholion von anderer Hand mit Hinweis bei 225, 1 μετενδυομενᾶν τᾶν ψυχᾶν, das eine Version der Seelenwanderung nach Phaed. 81e ff gibt: die Fresser und Säufer würden Esel oder etwas derartiges, die welche ungerecht, tyrannisch und räuberisch sind, würden Wölfe, Habichte und Weihen; die jedoch die Gemeinschaftstugenden pflegten, würden Bienen, Wespen oder Ameisen oder wieder Menschen. Zu den Göttern komme nur der φιλομαθής.

Mon. 495 Aus Marc. 185 kommt weiter *Monacensis 495*. Beschreibung Hardt Bd. 5, 495. Der Miszellanband mit 50 verschiedenen Stücken, 14 x 22 cm, 235 Blatt, ist nachträglich aus verschiedenen Teilen, alle Papier, zusammengesetzt; ein Teil ist Blatt 40-50 (5 Bogen, vom 6. das vordere Blatt weggeschnitten) mit dem TL. Er ist von einer Hand geschrieben, danach in zwei Tinten, wahrscheinlich von der Hand des Schreibers durchkorrigiert und mit kurzen Erläuterungen versehen. Mon. 495 ist vor 1459 geschrieben [1]), was auch durch die Datierung der Abschrift Vind. 64 1457 gegeben ist.

Mon. 495 hat die Lücken von Marc. 185, die dort nicht von späterer Hand ausgefüllt sind, z.B.: 209, 6 πως om.; 215, 11 πῦρ τε ἔρημον ὑγρῶ om.; 219, 13 ἀφὰ μὲν om. Auch sonst geht Mon. 495 in allem mit dem korrigierten Marc. 185, macht die Abweichungen von Par.s.gr. 635 und Ambr. 667 nicht mit, hat dazu einige Sonderfehler, z.B.: 218, 11 ὕπαρ: ἧπαρ cett; 223, 1 ταὶ γοῦν: ταὶ γὰρ cett; 224, 2 ἐρίζοντι: ἐθίζοντι cett; 207, 15 μεμύκται nach der Randvariante in Marc. 185 zu μεμόρακται (aus E, dort von N) γρ. μεμύηται ἤτοι πεποίηται· ἤσκηται.

Die zahlreichen Korrekturen sind in zwei Schichten vorge-

---

[1] Am Ende des TL stehen zwei kleine Absätze, die nichts mit dem TL zu tun haben, von zwei Händen geschrieben. Die am Ende des 2. Stücks stehende Jahreszahl 6967 = 1459 ergibt den terminus ante quem.

nommen, wie die Berücksichtigung oder Nichtberücksichtigung in Matr. 4616 und Vind. 64 zeigt. Es müssen dabei eine oder mehrere Handschriften beigezogen sein. Auf handschriftliche Grundlage weist z.B. die Ausfüllung der Lücke 215, 11 (s.o.S. 22), die Änderung 216, 19 von πολυμερέστερον zu πολυμερέστατον. 207, 12 steht in den Abkömmlingen Matr. 4616 παράδειγμα νοητόν, Vind. 64 π. τῆνοητῶ, in Mon. 495 richtig π. τῆνο αὐτῶ, in Korrektur, vorher vielleicht τη νοαυτου, was das Zwischenglied durch Korrektur so geändert haben muß, daß τη noch stehen blieb, beim andern νοητόν (oder νοητῶ) hergestellt wurde. Die Stellung der bei der Korrektur einfließenden Handschrift oder Handschriften ist nicht genauer festzulegen, ist aber auch nicht interessant, da dort bereits Kontamination vorgelegen hat und nichts Neues gebracht wird. Einiges bei den Korrekturen von Mon. 495 scheint auf Vermutung zu beruhen, so 207, 4 νοῦν über τοῦτον, vielleicht als Deutung von τοῦτον θεόν gedacht; 224, 5 ἐγκελευομένω aus ἐγκαλεομένα V. Unverständlich sind Korrekturen wie 214, 9 πολλάκις, über ις ος. Die kurzen Hinweise sollen schwierige Stellen klären, z.B. 214, 11 zu ἐν μεγέθει ἤγουν ἀξιόλογον μέγεθος ἔχων; sie sind nichts wert.

Abschriften aus Mon. 495

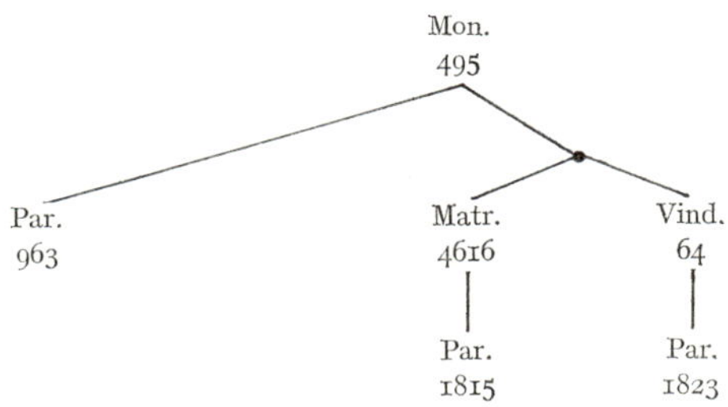

Par. 963 Flüchtige Abschrift aus Mon. 495, ohne jede Beachtung des Sinns, ist *Parisinus graecus 963* (de Gelder A; von ihm für den TL kollationiert). Beschreibung Omont, Inv. somm. I, 185f. Papier, 386 Blatt. Ein Miszellankodex von einer Hand sauber geschrieben, mit dem TL auf 257v-267r. Die Glossen von Mon. 495 stehen meist im Text, das ἤγουν ist oft als ἢ ὡς aufgelöst und im Text. Eine Lücke 207, 23 τὰ διαστάματα — 208, 1 ποτ' entspricht einer Zeile in Mon. 495.

Über ein Zwischenglied kommen aus Monacensis 495 Matritensis 4616 und Vindobonensis phil.gr. 64.

Matr. 4616 *Matritensis Bibl. Nat. 4616* (früher LXXXIV N 84), beschrieben bei Joa. Iriarte, Regiae Bibl. Matritensis Codices graeci mss Vol. 1, Madrid 1769, 343 als N 86 (TL nicht im Index genannt), und in Catalogus Codicum Astrologorum Graecorum XI 2: C.O. Zuretti, Codices Hispanienses, Pars altera, Codd Scorialenses, Matritenses, Caesaraugustani. Brüssel 1934, S. 53. Ein Miszellankodex mit Astronomischem, Naturwissenschaftlichem, darunter 'Pythagoreischem'; Papier, IV + 246 Blatt, 20,7 x 13,7 cm. Zum großen Teil (im Kodex gestreut) von Const. Lascaris geschrieben, nicht der TL (durch eine Eintragung der Teil von Lascaris datiert vor 1474, die Hand, die u.a. TL geschrieben hat, wird von Zuretti als etwas älter geschätzt). TL auf Blatt 124r-129v, auf 129r+v Zahlen und die Scholien dazu. Die Hs gehört zu denen, die vom Vizekönig von Sizilien Duque De Veeda der Königlichen Bibliothek in Madrid überlassen worden sind, kommt also aus Italien.

Vind. 64 *Vindobonensis phil. gr. 64,* Beschreibung (früher Nessel pars 4, p. 37-39) H. Hunger, Katalog der griechischen Handschriften der Österreichischen Nationalbibliothek, Teil I (Wien 1961), 181f. Ein einheitlicher Papierkodex (mit Pergamentblättern am Anfang und Schluß), 29,5 x 21 cm, 511 Blatt, von verschiedenen Händen geschrieben. Inhaltlich eine philosophische Sammelhandschrift, die bis 447 Aristotelisches enthält, danach Manuel Bryennios, Harmonik (Anfang 14. Jh.), am Schluß (501r-507r) TL, dazu nach der leeren Seite 507v auf 508r die Weltzahlen, in Gruppen abgesetzt, dazwischen in drei Stücken die Scholien dazu, die die musikalischen Verhältnisse erläutern (siehe unten S. 63ff); nach 2 freien Blättern auf der Rückseite des abschließenden Pergamentblatts (510v) Theodoros Gazes, Solutiones. Nach der Subscriptio 447v-448r, also hinter dem aristotelischen Teil, ist dieser Teil 1457 in Rom abgeschlossen. Der dort genannte Schreiber Johannes Rhosos aus Kreta hat Blatt 85-138, sonst vor dem TL nur kleinere Stücke und Überschriften und Schlußschriften geschrieben (siehe Hunger), dann aber auch 501r, den Anfang des TL, so daß dieser Teil mit dem übrigen Kodex eine Einheit bildet und in dieselbe Zeit, 1457 oder bald danach, gehört. Die Hand ist ausgeschrieben und eilig.

Matr. 4616 und Vind. 64 gehen mit Mon. 495 und teilen seine Sonderfehler. So 205, 11 Mon. 495 γιγνομένων korrigiert aus γεννωμένων, die korrigierte Lesart in Matr. 4616 und Vind. 64; 209, 9

Mon. 495 ια καὶ ,δ (καὶ zugesetzt), Matr. 4616 und Vind. 64 ια καὶ τετρακισχίλιοι; 223, 1 ταὶ γοῦν (statt ταὶ γὰρ); 224, 2 Mon. 495 ἐρίζοντι (statt ἐθίζοντι), dasselbe Matr. 4616, ἐρείζοντι Vind. 64.

Beide kommen über ein gemeinsames Zwischenglied aus Mon. 495 und stehen nebeneinander, wie zahlreiche gemeinsame und getrennte Sonderfehler beweisen.

Gemeinsam z.B. 206, 1 ἀποτελεῖ: ἀποτελεῖν Mon. 495; 206, 3 παρὰ τὰ σώματα: περὶ τὰ σώματα Mon. 495; 207, 2 ἀλογίστω: ἀλόγω Mon. 495; 208, 6 ὁμοῦ ἐννέα Matr. 4616 ὁμοιγενέα Vind. 64: ὁμογενέα richtig Mon. 495 (in dem Zwischenglied war wohl eine schwer leserliche Korrektur); 217, 16 τῶν ἑκάστων ἐν αὐτῷ: τῶν ἐν ἑκάστῳ αὐτῶν Mon. 495, mit der Lesart von Matr. 4616 und Vind. 64 am Rand; sie wird im Zwischenglied in den Text genommen sein; 224, 20 δ' ἂν ἀναγκαίως: δ' ἀναγκαίως Mon. 495. — Die Vorlage von Matr. 4616 und Vind. 64 hat auch einige sinnvolle Änderungen durchgeführt, so 215, 5 οὕτως om., von Bekker (aus Paris. 1815, s.u.) mit Recht übernommen.

Sonderfehler von Matr. 4616 allein z.B. 207, 9 παραδείγματα om.; 207, 23 κακτὸν (statt καττὸν); 208, 10 οὔ ποτ' (statt ὃν ποτ'); 221, 14 δὲ (vor κᾶρες) om.

Sonderfehler von Vind. 64 z.B. 205, 14 δὲ (statt ἐς); 208, 5 καθόλου (statt καθ' ὃ); 217, 14 σωμάτων om.; 221, 11 καὶ ἐπιρροᾶς om.

Matr. 4616 und Vind. 64 haben eine Reihe von Scholien, meist am Rand, gemeinsam; in Matr. 4616 sind sie z.T. beschnitten. Ein Teil dieser Erläuterungen ist aus Mon. 495 übernommen, das meiste war in der gemeinsamen Vorlage zugesetzt. Der Bestand in Matr. 4616 und Vind. 64 ist nicht ganz gleich, Matr. hat etwas mehr, über den Wörtern hat auch Vind. 64 Eigenes. Wahrscheinlich hat die Vorlage also die Erläuterungen nicht gleichzeitig zugefügt. Die Scholien erklären unbekannte Wörter (zu μήποκα: οὐδαμῶς; zu δίχα: χωρίς; zu σταγών § 42: σταγών ἐστι ὁ λεγόμενος [τὸ λεγόμενον Matr. 4616] ὀρείχαλκος· ἤτοι τὸ ἄσπρον χάλκωμα), schwierige Begriffe (§ 1 zu καττὰς δυνάμεις τῶν σωμάτων: τὸ πῦρ κατὰ τὴν ἑαυτοῦ θερμότητα καὶ τὸ ὕδωρ κατὰ τὴν ἑαυτοῦ ψυχρότητα· καὶ τἆλλα ὁμοίως; § 15 zu ῥυσμῶ δίκας: τάξει ἰσότητος), Textschwierigkeiten (zu 219, 13 zu βαρὺ δὲ καὶ κοῦφον [ἀφὰ μὲν om.] προκρίνει: ἡ χεὶρ δηλονότι, es ist versucht, die Lücke zu ergänzen). Aller Wahrscheinlichkeit nach steckt kein älteres Scholiengut darin, die Erklärungen kommen vielmehr aus Mon. 495 und vor allem dem gemeinsamen Zwischenglied von Matr. 4616 und Vind. 64. Sie haben keinen Wert.

Par. 1815 Abschrift aus Matr. 4616 ist *Parisinus graecus 1815* (Bekker I, de Gelder B, von beiden für den TL kollationiert). Beschreibung Omont, Inv. somm. II, 148. Papier, 361 Blatt, 29,2 x 21 cm, 16. Jh. Ein Miszellankodex, von verschiedenen Händen geschrieben. Die Umgebung ist anders als in Matr. 4616, der TL also gesondert daraus genommen. TL steht an zweiter Stelle, nach Platons Gorgias, auf f. 62-70, in zwei Spalten.

Par. 1815 geht in allem mit Matr. 4616 und teilt dessen Sonderlücken (s.o.). Er hat Sonderfehler, so 206, 7 τρίτα statt τρία; 207, 19 ἐκτός statt ἐντός; 219, 11 ξηρότατα ὑγρότατα om. (Matr. fehlt nur ὑγρότατα, also vielleicht absichtliche Auslassung, da der Gegensatz fehlt); 220, 16 δρυμὶ statt δριμύ; 224, 16 δυσδαίμοσιν ἐντέροις statt δυσδαίμοσι νερτέροις. Es besteht kein Anlaß, ein Zwischenglied zu Matr. 4616 anzusetzen.

Par. 1823 Abschrift aus Vind. 64 ist *Parisinus graecus 1823* (Bekker M, de Gelder C, von beiden für den TL kollationiert). Beschreibung Omont, Inv. somm. II, 149. Papier, 176 Blatt. Der Kodex ist aus 4 Teilen, wie es scheint nachträglich, zusammengestellt; der erste Teil, Olympiodori scholia in Platonis Phaedonem ist durch die Unterschrift 130r auf das Jahr 1536 datiert, geschrieben von Valerianus Albini fil. Foroliviensis, von dem mehrere datierte Handschriften existieren, vgl. Gardthausen: Griech. Paläographie, Leipzig 1879, 341 und Vogel-Gardthausen 369f. Von anderen Händen sind jeweils Psellos, Theophrastexzerpte und dazwischen 143-150 der TL, alle wahrscheinlich später als der 1. Teil, jedoch vor 1550, wo diese Handschrift im Katalog von Fontainebleau als Nr. 401 aufgezählt wird. Par. 1823 ist im TL eine sehr flüchtige und fehlerhafte Abschrift aus Vind. 64; die Scholien haben öfters die erläuterten Lesarten verdrängt oder sind daneben in den Text gekommen. Sehr viele Fehler erklären sich aus dem Ductus von Vind. 64. Die Lücke 224, 18 εἴκῃ — 19 αἴ κα μὴ (Sprung von αἴ κα μὴ vorher zu diesem) entspricht einer Zeile in Vind. 64. Die meisten Scholien aus Vind. 64 sind abgeschrieben und von hier in die Geldersche Ausgabe aufgenommen.

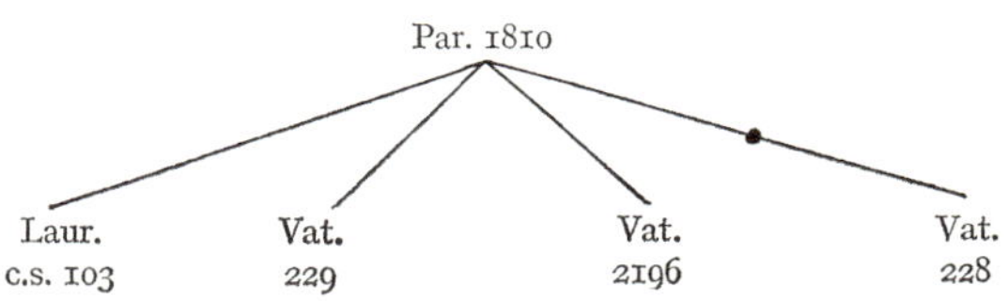

Par. 1810 Ein weiterer von V (Marc. 185) abhängender Strang der Überlieferung geht durch den *Parisinus graecus 1810*. Beschreibung Omont, Inv. somm. II, 146f. Bombycin, 302 Blatt. Der obere Rand hat rings von Feuchtigkeit gelitten und ist im TL auf den letzten beiden Seiten nicht lesbar. Der Rand ist beschnitten, im TL sind 94v zwei Scholien einer späteren Hand angeschnitten. Als terminus ante ist 1358 durch die Abschrift aus ihm Laur. c.s. 103 gegeben (s. unten), er wird an den Anfang des 14. Jh. zu rücken sein (Omont 13. Jh.).

Der Kodex ist von einer Hand geschrieben (bis auf das angeheftete Blatt 301), die Schrift ist rasch aber kräftig, stark mit Ligaturen und Kompendien durchsetzt, oft nicht leicht lesbar, sieht also nach der Hand eines Gelehrten aus. Dazu stimmt, daß sich im TL keine unsinnigen Abschreibfehler vorfinden. Eine Platonhandschrift, die auf Erläuterungen Wert legt. Der TL 93v-96r steht zwischen Phaidros mit dem Kommentar des Hermeias und Parmenides mit dem Prokloskommentar [1]). Par. 1810 hat hinter den Text auf der nächsten Seite, 96v, die Zahlen angehängt, jedoch ohne die Erläuterungen von E oder Marc. 185. Unmittelbar hinter den Text auf den Rest von 96r ist von anderer Hand ein ausführliches Scholion gesetzt, das die verschiedenen rechtwinkligen Dreiecke behandelt, mit dem Namen Nikolaos überschrieben [2]). Par. 1810 ordnet sich im TL nicht leicht ein, stellt sich aber als ein überarbeiteter Text auf der Grundlage von Marc. 185 heraus.

Par. 1810 teilt mit V (Marc. 185) die Lücken. So 215, 11 πῦρ τε ἔρημον ὑγρῷ fehlt in V^1 und Par. 1810^1, in Par. 1810 dann zugesetzt; 207, 2 καὶ vor σφαιροειδές fehlt; 208, 12 nach τοῖς ἄλλοις fehlt ζώοις, in V später ergänzt; 219, 13 ἀφὰ μὲν fehlt in beiden, in Par. 1810 später zugefügt.

Die oben S. 22 angeführten Sonderfehler von V treten zum Teil auch in Par. 1810 auf. So 206, 15 αὐτάς: αὐτὰν recte EW;

---

[1] Nach R. Klibansky und C. Labowsky, Plato Latinus III (Parmenides, Procli Comm. in Parmenidem), London 1963, S. XXXIIIf gehört der Kodex ins 13. Jh. und ist für den Kommentar des Hermias zu Platons Phaidros der Ursprung für alle erhaltenen Hss. Die Datierung bleibt für den TL ein Problem, wenn unsere Herleitung aus V richtig ist, da man V und seine Vorlage E ungern so hoch hinaufdatiert.

[2] Vollständig abgeschrieben (heute ist es gegen Schluß durch Ausfall eines Fetzens lückenhaft, Bekker scheint es vollständig gelesen zu haben) bei Bekker, Comment. crit. (Berlin 1823), Bd. 2, 462.

216, 15 τούτων: ἴσας recte EW; 222, 10 ἔρωτες γὰρ πόθοι: ἔρωτες γὰρ καὶ πόθοι WBN; 224, 3 καὶ ποταναγκάζοντι: τὰ δὲ καὶ π. W(B)N; 224, 16 εὐδαίμοσι: δυσδαίμοσι W(B)N.

Par. 1810 und V gehören also eng zusammen. V kann nicht aus Par. 1810, sondern muß aus E kommen, da seine Anordnung der Zahlen und die Zufügung der Hälfte der Erläuterungen sich aus E erklärt; Par. 1810 hängt die Zahlen an und hat überhaupt keine Erläuterungen. Das bestätigt sich im Text. Z.B. hat Par. 1810 215, 7 statt ἀγός EB ἁμέρας im Text, eine naheliegende Konjektur, statt des richtigen ἀῶς N, während V auch ἀγός hat, also nicht aus Par. 1810 kommen kann. Also stehen entweder Par. 1810 und V nebeneinander, aus einer Abschrift von E kommend, oder Par. 1810 kommt aus V.

Von den von V abweichenden Lesarten bei Par. 1810 sind ein Teil ohne Schwierigkeit von einem gelehrten Schreiber zu finden. So 220, 7 statt des irrtümlichen ὀξεῖα in V (Wiederholung des 4. Worts vorher) richtig βαρεῖα; statt ἀσυμμετροτάτα: ἀ συμμετροτάτα; 206, 13 statt πρὸς τῷ ἀτάκτῳ richtig πρὸ τῷ ἀ. Einige Sonderlesarten von Par. 1810 scheinen sich aus V zu erklären. So 215, 1, wo V χρόνῳ δὲ τὰ (om. recte N) μέρεα τάς τε (τάσδε richtig EBN) τὰς περιόδως λέγοντι hat, Par. 1810 . . μέρεα τάς τε περιόδως schreibt. Ähnlich könnte sich 219, 16 θερμόν τε λεπτομερὲς καὶ aus der Umstellung in V θερμόν τε καὶ λ. statt θερμὸν λεπτομερές τε καὶ (richtig) E erklären. Daß der Schreiber mit großer Überlegung arbeitete, zeigt 225, 4: er läßt in der Folge ἀργῶν δὲ καὶ ἀπράκτων ἀμαθῶν τε (N: δὲ VW AL) καὶ ἀνοήτων hinter ἀπράκτων Platz frei, nimmt also eine Lücke an (wegen des ἀμαθῶν δὲ auch naheliegend), wie ich sie auch vermute, für Kriechtiere oder dergleichen, die bei Platon Tim. 91e 92a, freilich in anderer Kombination des Ganzen, genannt werden. Dann ist es auch möglich, daß 205, 11 τᾶς ἐν ταυτῷ φύσιος Par. 1810 Emendation nach τᾶς ἐντῷ φύσιος von V E (B) ist, ohne Beeinflussung von τᾶς ταυτῷ φύσιος von N, obwohl ταυτῷ in E als Variante angegeben ist. 220, 13 entscheidet sich Par. 1810 gegenüber dem falschen κριναμένων von V (+W = E) nicht und setzt das richtige (auch BN) κιρ- als Variante darüber. 206, 17 ist δέχοιντο von Par. 1810 offenbar Konjektur auf Grund des δέχοιτο E (und V; δέχηται richtig BN), der Singular, die Beziehung auf ὕλα und nicht auf διακρίσιες, ist das Richtige.

Ein eindeutiges Indiz, daß Par. 1810 aus V kommt und nicht neben ihm steht, habe ich nicht finden können; doch ist das erste sehr wahrscheinlich. Einfluß von B oder N ist kaum anzunehmen. Zur Herstellung des Textes ist Par. 1810 nur insoweit heranzuziehen, als er gut konjiziert, das bedeutet so gut wie garnicht.

Abschriften aus Par. 1810

Laur. c.s. 103 Abschrift aus Par. 1810 ist *Laurentianus Conv. soppr. 103* (abbat. flor. 2759) (Stallbaum h). Beschreibung E. Rostagno und N. Festa, StudIt 1, 1893, 152f. Bombycin, 465 Blatt, durch das Monokondylion 462v auf das Jahr 1358 datiert, von dem Mönch Longinos [1]) im Auftrag von Johannes Kontostephanos geschrieben. Zwei Hände wechseln im Kodex ab, der TL 188r-194r ist von der Hand des Longinos. Der Inhalt und die Reihenfolge sind die gleichen wie Par. 1810 bis zum Parmenides. Die Herkunft aus dem Par. 1810, vom TL abgesehen, ist von Schanz, Platocodex 63; Hermes 18, 1883, 136 behauptet. Laur. c.s. 103 geht im TL genau mit Par. 1810 und dessen zweiter Hand, hat daneben Sonderfehler, von denen sich viele aus dem Ductus von Par. 1810 erklären; so 207, 20 κατὰ πᾶν: κατὰ τὰν Par. 1810; 220, 17 ἐναργῶν: ἐναρίων (richtig ἐναερίων) Par. 1810. Der Hinweis auf das Schlußscholion steht an derselben Stelle wie in Par. 1810, ohne daß dieses gebracht ist. Der Dialekt hat wie üblich gelitten. Die Herkunft aus Par. 1810 gilt also auch für den TL.

Vat. 229 Neben Laur. c.s. 103 steht *Vaticanus graecus 229* (olim 643) (Bekker 𝔭). Beschreibung I. Mercati — P. Franchi de' Cavalieri: Codices Vat. gr. I (1923), 299 (nicht im Index). 14. Jh., Papier, 26,5 x 19,8 cm, 229 Blatt. Der Inhalt entspricht Par. 1810 bis zum TL (auf 58-62), es fehlt der Parmenides mit dem Kommentar des Proklos, Politeia und Symposion stimmen wieder überein, Phaidon und Gorgias sind zugesetzt. Vat. 229 geht in allem mit Par. 1810, nicht mit einer der Abschriften, hat daneben Sonderfehler, die sich z.T. aus Par. 1810 erklären lassen, z.B. 215, 18 zu τὰν μείζονα zugefügt γωνίαν, in Par. über μείζονα zur Erklärung; 215, 11 μέντοι: μάν τοι Par. 1810, leicht als μέντοι zu lesen. Ein

---

[1] Vgl. Vogel-Gardthausen: Die griech. Schreiber des Mittelalters und der Renaissance, 265.

Zwischenglied zwischen Vat. 229 und Par. 1810 anzusetzen, besteht keine Veranlassung. Die Aufstellung von Schanz Hermes 11, 1876, 115f, daß in einigen platonischen Schriften Vat. 229 aus Par. 1810 stamme, trifft also auch für den TL zu. In anderer Tinte, wahrscheinlich von derselben Hand, sind einige Stellen korrigiert, einige Lücken ausgefüllt und Varianten dazugeschrieben; diese Hand hat Verbindung zu N, wie die Zufügung über der Zeile nach ἡμιτετράγωνον 216, 12 zeigt: οἷον οὖν συμφωνίαν ἥ ἐστι τὸ ἡμιτρίγωνον, was in N im Text steht (vergleiche unten S. 53).

Vat. 2196

Als dritte Handschrift neben Laur. c.s. 103 und Vat. 229 kommt im TL *Vaticanus graecus 2196* (Columnensis 35) aus Par. 1810. Pergament, 26,3 x 18 cm, 148 Blatt. Er enthält einige platonische Schriften, aber nicht in der Auswahl oder Reihenfolge von Par. 1810, auch nicht von dort herkommend (vgl. Schanz Platocodex 43ff). Im TL 91v-95v geht Vat. 2196 ganz mit dem Par. 1810, nicht dessen anderen Abschriften, hat daneben viele Sonderfehler, die sich meist aus dem schwer zu lesenden Ductus von Par. 1810 erklären lassen, z.B. 207, 11 τὸ αἰσθητὸν: τὰ αἰσθητὰ cett; 207, 12 τῆς: τῆνο cett; 207, 19 ἐκτὸς: ἐντὸς cett; 207, 20 κατὰ πᾶν (wie Laur. c.s. 103): κατὰ τὰν cett. Für ein Mittelglied zu Par. 1810 spricht nichts.

Urb. 31

Abschrift aus Vat. 2196 ist Rom *Urbinatis 31* (Bekker 𝔨); Pergament, 156 Blatt, 15. oder 16. Jh. [1]) Der Inhalt ist der gleiche wie im Vat. 2196. Ebenso mechanisch wie im übrigen Teil (vgl. Post 76) folgt Urb. 31 der Vorlage im TL. Z.B. ist im Vat. 2196 224, 12 εὐδαιμονέσιν die Endung σιν hochgeschrieben, weil dort der Platz am Zeilenende bedrängt ist; Urb. 31 tut das Gleiche mitten in der Zeile, obwohl er sonst nicht Endungen hochschreibt. Einige Sonderfehler von Urb. 31 erklären sich aus dem schwer zu lesenden Ductus der Vorlage; so ist 218, 18 die Vorlage ὑπαντίλαμψιν zu ὑπαντιλαλυψιν verlesen; μ sieht in Vat. 2196 λυ ähnlich.

Vat. 228

Neben den drei aufgeführten Handschriften kommt als vierte aus Par. 1810 *Vaticanus graecus 228* (olim 642) (Bekker 𝔬), und

---

[1] TL im Index des Katalogs von C. Stornajolo 1895 ohne Namen unter Platon.

zwar vor den andern drei, weil in ihr die Korrekturen von Par. 1810 noch nicht vorliegen. Beschreibung I. Mercati — P. Franchi de' Cavalieri I, 298f. Papier, 20,5 x 16,3 cm, 308 Blatt; verschiedene Hände, die z.T. in den Stücken abwechseln; wahrscheinlich also in einem Kloster geschrieben. Der Schrift nach wird der Kodex nicht weit von Par. 1810 zu rücken sein (Anfang 14. Jh.). Nach platonischen Schriften folgt Verschiedenes, darunter 284r-288r der TL, von einer Hand geschrieben; die Herkunft der platonischen Stücke (darüber vgl. Schanz, Platocodex passim, Post 77) hat, wie schon die Stellung des TL zeigt, für diesen kaum Bedeutung.

Vat. 228 geht im TL in allem mit Par. 1810. 221, 10 steckt in dem Wort μεθόσιος Vat. 228 eine größere Lücke: μεθό‹ριον τουτέων — 12 συστά›σιος; die Lücke entspricht einer Zeile in Par. 1810. Eine zweite Lücke 219, 7 οὔτε λόγον — 9 αἴσθησιν ist etwas kürzer als eine Zeile von Par. 1810 und kann auch sonst von dort nicht erklärt werden. Es ist also ein Zwischenglied anzunehmen, mit einer Zeilenlänge von etwa 70 Buchstaben oder der Hälfte (Lücke = 2 Zeilen). Aus diesem Zwischenglied müssen sich einige Besonderheiten von Vat. 228 erklären, so freigelassener Platz, für den in Par. 1810 kein Anlaß ist; z.B. 214, 20 ἔ αν: ἔσσαν deutlich in Par. 1810. Die zahlreichen Abweichungen von Par. 1810 sind teils sinnlose Verschreibungen, z.B. 207, 22 φθίσαν: φθίσιν cett; 214, 4 τὸν πολλοὶ: τοὶ πολλοὶ cett, die wir dem Schreiber von Vat. 228 aufbürden werden, teils Eingriffe wie 209, 1 νοῦς vor συνεστάκει zugefügt; 218, 4 ἔταξεν: ἔμιξεν cett, die der Vorlage gehören werden.

Diese Vorlage macht die Korrekturen von Par. 1810 nicht mit, z.B. 215, 11 πῦρ τε ἔρημον ὑγρῶ καὶ ὕλας om. Par. 1810^1 Vat. 228: zugefügt Par. 1810^2, im Text in den Abschriften Laur. c.s. 103, Vat. 229, Vat. 2196; 213, 22 ἐν μέρεα Par. 1810^1 Vat. 228: οὐράνια Par. 1810^2 und die drei andern Abschriften.

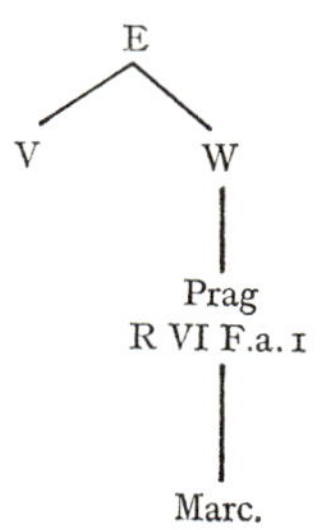

Neben dem Zweig der Überlieferung von E, der durch Marc. 185 (= V) geht, steht ein zweiter, der von W über die Prager Handschrift R VI F.a.1 zu Marc. 517 geht, aus dem eine ganze Reihe von Handschriften kommen.

Prag. R VI F.a.1

Die ehemals in der Schloßbibliothek Raudnitz in Böhmen befindliche Handschrift *Lobcovicianus VI F.a.1* ist jetzt in die Universitätsbibliothek Prag überführt worden (dort *R VI F.a.1*). Beschreibung Eduard Gollob: Verzeichnis der griechischen Handschriften in Österreich außerhalb Wiens (SBWien, Phil.-hist. Klasse 140, 1903). Es ist eine Platonhandschrift und im Platon Abschrift aus W (vgl. Post 32). Das trifft auch für den TL zu. Da der TL in W erst im 14. Jh. dazugekommen ist, kann sie frühestens ins 14. Jh. gehören.

Die Handschrift geht in allem mit W und hat Trennfehler, z.B. 207, 19 τι om.; 213, 20 τῶν ἁπάντων (πάντων W cett); 215, 1 ἇς (ὃν W cett); 222, 14 πλεονάζειν (-ον W -εν recte); 223, 7 ποτὶ δ' αὐτὰ τὰ (ποτὶ δ' αὐτῶ τὰ W); 224, 3 λογικῷ (λογισμῷ W cett); 224, 11 συνεργία (σὺν εὐροία W cett). Die Handschrift hat auch die Zahlen von W an den späteren unteren Blatträndern übernommen, in der Ausführung ganz gleich, und ebenso den Teil der Erläuterungen, der in W an den Text angehängt ist (mit allen den Text unverständlich machenden Fehlern), während der erste Teil, der in W sehr klein unten auf die Seite 634 geschrieben ist, weggelassen ist. Der Text ist nicht durchkorrigiert.

Marc. 517

Ganz genau geht mit Prag R VI F.a.1 *Marcianus graecus 517* (no di collocazione 886). Beschreibung Zanetti 278f. Ein Miszellankodex auf Papier, 21,7 x 14,3 cm, 134 Blatt, 14. oder 15. Jh., von verschiedenen Händen; der TL, von einer Hand, steht am Anfang, 4r-12r. Marc. 517 hat die Zahlen (aber nicht aus Prag R VI F.a.1 oder W) an die Ränder von 5v und 6r geschrieben, am Schluß steht der Teil der Erläuterungen wie in Prag R VI F.a.1 (und W).

Die Handschrift ist durchkorrigiert, mit Rasuren, doch sind die alten Lesarten mit Hilfe von W und Prag R VI F.a.1 alle aufzufinden. Zu dem Verhältnis von W, Prag R VI F.a.1 und Marc. 517 gibt es klare Belege für die Zusammengehörigkeit der letzten beiden gegenüber W (die oben genannten Trennfehler von Prag R VI gelten für Marc. 517 mit, dazu noch weitere, so Fälle von unverstandenem Dialekt — das ω des Genitivs öfter als Dativ verstanden und mit Jota adscriptum versehen — und falsche Interpunktion). Jedoch fehlen in die Augen springende Fälle, um zu bestimmen, wer von den beiden Vorlage und wer Abschrift ist. Bei der genauen Übereinstimmung und der Art der Sonderfehler nötigt nichts, ein gemeinsames Zwischenglied für die beiden zu W anzusetzen. Spricht schon Inhalt der Codices W und Prag R VI F.a.1 (Platon) und Marc. 517 (Miszellan) dafür, daß Marc. 517 aus R VI F.a.1 kommt und nicht umgekehrt, so beweist es die Übernahme der Zahlen bei Prag R VI F.a.1 aus W (bei Marc. sind sie vor Abschrift verbessert). Ein paar Kleinigkeiten im Text bestätigen, daß die Prager Handschrift die Vorlage von Marc. 517 ist; sie schließen die umgekehrte Folge aus: 205, 5 εἰ μὲν W R VI: εἶμεν recte M 517 (also hier im Schreiben verbessert); 223, 18 προτρόπὰν R VI προτρο πὰν W: προτροπᾶν recte klar in M 517. Marc. 517 ist also direkte Abschrift aus der Prager Handschrift, wie diese direkte Abschrift aus W ist.

M^2 M 517 ist stark durchkorrigiert, wobei die alten Lesarten meist ausradiert sind. Da es sich immer nur um wenige Buchstaben handelt, läßt sich nicht sicher bestimmen, ob es eine oder mehrere Hände sind. Die Korrekturen sind nicht gleichzeitig vorgenommen, da Marc. 186, eine Abschrift aus Marc. 517, einige Korrekturen noch nicht hat. Diese Korrekturen verändern den Text gegenüber E (W) erheblich und geben ihm das Gesicht, das er in den ersten Drucken und der Vulgata hat. Liegt nur eine gelehrte Bearbeitung des Textes vor ohne Heranziehen von anderen Handschriften oder sind auch andere Handschriften benutzt?

Die meisten Änderungen sind Durchführungen des Dialekts, zum Teil mit den anderen Haupthandschriften, zum Teil gegen sie. Das war alles leicht zu finden. Es ist höchst unwahrscheinlich, daß dazu Handschriften benutzt worden sind.

Selbständige Textänderung ist in einigen Fällen offensichtlich: so ist 213,21 die durch Sonderlücke von W unsinnige Form τῶν δὲ γεννατῶν (τῶν δὲ γεννατῶν ἕκαστον EBN) von M^2 zu τὸν δὲ γεννατὸν geändert; am Schluß § 88 ist die Verschreibung von W καὶ γεννητῶ (richtig καὶ νοητῶ V AL (= B): καὶ κόσμω N), aus Prag R VI F.a.1 übernommen, ausradiert (noch lesbar), ohne Ersatz. Andererseits sind falsche Interpunktionen (von Prag R VI F.a.1 eingeführt) beibehalten, oft das falsche Jota adscriptum, das unsinnige συνεστάξατο 209, 1 (B^1 E W); λόγω ψυχὰν (W, statt ὅλω ψυχὰν) 213, 19. Es ist also nicht mit einer Handschrift, die von dem Vater R VI F.a.1 und dessen Vater W unabhängig wäre, durchgängig verglichen worden. So ist aller Wahrscheinlichkeit nach auch in allen anderen Fällen, wo M² eine Sonderlesart hat, nicht Überlieferung beigezogen, sondern konjiziert worden. So macht M² 206, 3 aus M τὰν δὲ περὶ τὰ σώματα μεριστὰν εἶμεν (EBN) τὰ δὲ ... μεριστά, offenbar um die doppelte Ansetzung einer ὕλη zu beseitigen; 205, 7 M² τὸν μὲν aus τὸ μέν, um einen Bezug auf νόος herzustellen; 213, 22 ändert M² bei κόσμον δὲ τόνδε καὶ κατὰ μέρεα αὐτῶ, δὲ zu τε und κατὰ zu τὰ (ohne καὶ richtig E¹). Z.T. richtig stellt M² z.B. 214, 1 aus συντέτακται δὲ ἁ μὲν σελάνα (ENB) den Zusammenhang her, indem er δὲ streicht und dafür interpungiert, weiterhin hinter μὲν ὦν zusetzt, das in keiner Überlieferung Anhalt gehabt haben dürfte, aber in die Vulgata eingegangen ist: συντέτακται· ἁ μὲν ὦν σελάνα.

M² entspricht in einigen Fällen N. Unterschiede im Dialekt legen nahe, daß in diesen Fällen, und so auch in andern, die Entsprechung auf selbständiger Textänderung von M², nicht auf Übernahme aus N beruht. Die Konjekturen waren leicht zu finden. So 207, 12 statt des falschen αἰσθητὰ (BE) νοατά: νοητὰ N. Die Heilung der Korruptel ist leicht, νοατῶν folgt gleich. Daß N nicht eingeflossen ist, bestätigt sich dadurch, daß keinerlei Sonderlesart von N auftaucht.

In einigen wenigen Fällen läge es allerdings näher, an handschriftliche Überlieferung als an eigene Änderung zu denken. So 224, 10 σὺν αὐταρκείᾳ mit A Par. 1809 L (= B): σὺν αὐτῶν κακία WV (= E) N. Eigene Herstellung durch M² ist jedoch möglich, wie die richtige Lesart in B wohl auch durch Konjektur (vor B) gefunden worden ist (der gleiche Fehler in N und E; E und B gehören aber enger zusammen); 216, 6 συστάσιος richtig mit N: ἐστάσιος WV (= E) B; auch durch Konjektur zu finden.

Der Korrektor (die Korrektoren) M² (kaum Bessarion selber) hat also aus Eigenem den Text geändert, ganz selten oder vielleicht nie mit hs Grundlage; er hat dabei vor allem Dialektformen eingesetzt. Da keine der Lesarten von M², sofern sie von den Haupthss NBE abweichen, Herkunft aus unbekannter Überlieferung anzeigt, scheidet M² für die Konstituierung des Textes aus. Ich führe im Apparat nur einige wenige Sonderlesarten von M² an, wo seine Emendation interessant oder richtig ist.

Abschriften von Marc. 517

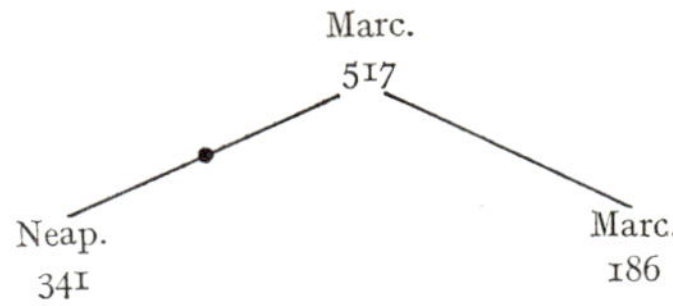

Neap. 341

Aus Marc. 517 kommt wahrscheinlich, über ein Zwischenglied, *Neapolitanus 341* (III E 19). Beschreibung Cyrillus Bd. 2, 452ff. Ein Miszellankodex auf Papier, 278 Blatt, 19, 5 × 11,4 cm, von verschiedenen Händen. Zeit fraglich, 15. Jh.? Der Inhalt des eigentlichen Kodex von 29 an (1-27 sind zugeheftet) ist philosophisch-naturwissenschaftlich, darunter der Timaios, aber ohne Verbindung zum TL 49r-56v.

Neap. 341 hat die Lesarten von Marc. 517, geht, soweit meine Kollationen zu urteilen erlauben, nicht mit den Eigenarten von Marc. 186. Auch daß er die Zahlen, die Marc. 186 im Text, Marc. 517 nur am Rand hat, nicht bringt, spricht dafür daß er neben Marc. 186 auf Marc. 517 zurückgeht. Direkte Abschrift aus Marc. 517 kann er nicht sein, da eine (später ausgefüllte) Lücke 209, 6 συμπληρώμασι — 8 ια καὶ aus Marc. 517 nicht zu erklären ist. Es wird also mindestens ein Zwischenglied zu Marc. 517 anzusetzen sein.

Sonderfehler sind z.B. 206, 13 πρὸ om.; 16 τε statt ταὶ; 208, 7 ἀποδίδειν statt ἀποδιδὸν. Andere Sonderlesarten sind sinnvoll und werden wohl der Vorlage zugehören, so 221, 2 θώρακος statt σώματος (das als Lesart am Rand vermerkt ist).

Der Text ist, von der Hand des Schreibers scheint es, mit anderer Tinte durchkorrigiert, mehrere Auslassungen sind nachgetragen, in anderer Hand sind einige Varianten, die N zugehören, dazugeschrieben.

Von der Hand des Schreibers sind nachträglich an die Ränder von 50v und 51r die Scholien zu den Zahlen, wie sie in einer Reihe von Hss stehen (siehe unten S. 64f), geschrieben, oben sind sie z.T. weggeschnitten. Offenbar ist der TL von gelehrter Hand geschrieben, in ausgeschriebenem Ductus.

Marc. 186

Abschrift aus Marc. 517 ist *Marcianus graecus f.a. 186* (no di collocazione 601). Beschreibung Zanetti 106; dazu J. Morelli, Bibl. mss graec. et lat., (Bassani 1802) 110f. Papier, 386 Blatt, von verschiedenen Händen geschrieben, von Bessarion rezensiert [1]). Marc. 186, eine Platonhandschrift, hat fast den gleichen Inhalt wie Marc. 189 und kommt daraus, vgl. Schanz, Platocodex 89ff. Den TL, 382r-385v, konnte Marc. 186 nicht aus Marc. 189 entnehmen; er kommt darin aus Marc. 517.

Marc. 186 geht in allem mit dem korrigierten Marc. 517 und hat dabei Sonderfehler wie 222, 18 τινα om.; 224, 9 δόξας om. (am Seitenschluß; infolge der Lücke ist dann das vorausgehende ψευδέας zu ψεύδεα geändert). Für ein Glied zwischen Marc. 186 und Marc. 517 bestehen keine Indizien.

385v-386r ist unmittelbar an den TL ohne Kennzeichnung ein längeres Stück von anderer Hand angefügt, offenbar zur Erläuterung des TL. Es ist das 8. Kapitel aus Nicomachi Geraseni encheir. harm. Ἐξήγησις τῶν ἐν Τιμαίῳ ἁρμονικῶς εἰρημένων (Mus. script. graec. ed. Jan 250, 4 - 252, 2); der Text geht auf Vatic. 198 (Jan R) zurück, hat dessen Lücke 252, 1f, dazu Sonderfehler.

Im TL sind einige Korrekturen vorgenommen, z.B. 219, 12 die Einfügung von λειότατα statt τε und die Herstellung von τραχύτατα aus βραχύτατα; das ist entweder Konjektur, an sich nicht allzu fernliegend, oder geht auf N zurück, welches allein das Richtige hat. Gleichfalls Konjektur ist 223, 4 die richtige Streichung von οὐκ, die in der sonstigen Überlieferung keine Stütze hat.

Abschriften von Marc. gr. 186

1. Gruppe

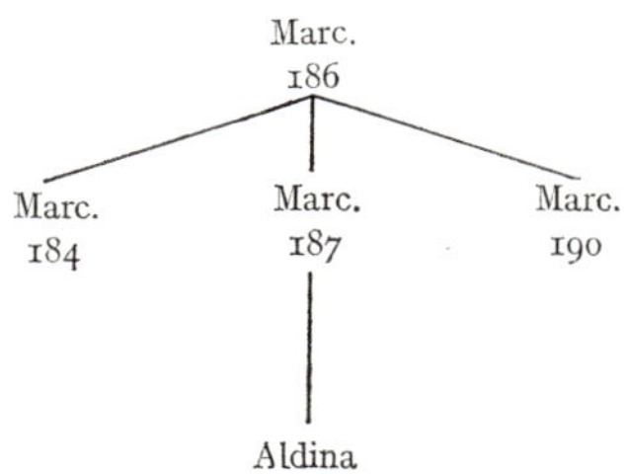

Marc. 184 Abschrift aus Marc. 186 ist im TL *Marcianus graecus f.a. 184* (no di collocazione 326) (Bekker Ξ, Schanz E). Beschreibung Zanetti 106, Morelli 107. Eine schöne Pergamenthandschrift, 494 Blatt, von Johannes Rhosos im Auftrag von Bessarion geschrieben

[1] Vgl. Morelli: hoc praesertim codice ad Platonis philosophiam addiscendam usus fuisse videtur.

und z.T. von Bessarion durchgesehen, ein vollständiger Platon mit TL und Pyth. aur. verb. am Schluß. Er kommt zum größten Teil aus Marc. 186 [1]); dies gilt auch für den TL 483r-486v [2]).

Marc. 184 geht im TL in allen Kleinigkeiten mit Marc. 186, macht z.B. dessen Textabsätze genau mit, und hat Sonderfehler, von denen sich einige aus dem Ductus von Marc. 186 erklären, so 216, 21 zuerst πάντοι statt παντὸς, in der Vorlage Endung durch Kompendium, der Akzent als ι zu lesen; 207, 8 zuerst ἐπὶ statt ἐπεὶ, in 186 so zu lesen. An einigen Stellen sind Endungen zuerst offengelassen, wo in 186 Zweifel bestehen. Weitere Sonderfehler sind: 219, 18 τῶ ἀφᾶ: τᾷ ἀφᾷ cett; 220, 1 διαφεῖσθαι: διαθεῖσθαι cett; 221, 22 γεννῶνται om.; 223, 5 τὸ vor εὖ om. Ein Zwischenglied anzusetzen besteht keine Nötigung.

Marc. 187 Neben Marc. 184 steht im TL als Abschrift aus Marc. 186 *Marcianus graecus f.a. 187* (no di collocazione 742). Beschreibung Zanetti 107. Pergament, 310 Blatt, von der Hand Bessarions und von ihm korrigiert [3]), enthält platonische Schriften, soweit sie nicht in Marc. 186 enthalten sind, und wird für Bessarion die Ergänzung zu Marc. 186 gewesen sein. Gemeinsam mit 186 ist nur der Timaios und der TL (136r-139v) [4]).

Im TL folgt Marc. 187 allen Lesarten von 186 (hat aber die Zahlen § 22 weggelassen), hat nicht die Sonderfehler von 184, hat dazu eigene Fehler, so 207, 4 φθαρησόμενον : φθαρησούμενον Marc. 186; 214, 13 ἄρρεος: ἄρεος Marc. 186; 222, 17 λαγνοίας: λαγνείας Marc. 186; 223, 1 καὶ τὰ γυμνάσια: τά τε γυμνάσια Marc. 186; 224, 14 ἁ (vor ἐκ τῶν λόγων) om. 216, 5 stehen die Worte μόναι ἴσαι, ἐν ᾧ δὲ ταὶ eng auf einer Rasur; die Stelle entspricht einem Zeilenanfang in 186; es wird also wohl zuerst eine Zeile von 186 übersprungen

---

[1] Vgl. Post 40ff.

[2] Die Angabe von Morelli 107 "Timaei Locri de Anima Mundi libellus ex codice 517 descriptus" ist zu berichtigen.

[3] Post 3. 80. 39-44 (bei ihm N).

[4] Bessarion zieht in seinem Werk In calumniatorem Platonis TL wiederholt heran und zitiert ihn zweimal (vgl. den Index in der Ausgabe von L. Mohler, Paderborn 1927, Quellen und Forschungen aus dem Gebiet der Geschichte, herausgg. von der Görresgesellschaft, 22). Zitate 162, 10-20 = TL § 84-86 mit einigen Auslassungen; 216, 8-10 = TL § 32f. Die Lesarten stimmen mit dem Strang Marc. 517 überein; ob die Zitate aus Marc. 187 oder 186 genommen sind, bleibt unsicher. Das erste längere Zitat steht übrigens in einer Partie, die Bessarion später zugesetzt hat (Mohler U^x in marg.; U^x = Erweiterung der ersten Abschrift aus dem Konzept = U).

gewesen sein. Ein Zwischenglied braucht nicht angesetzt zu werden.

Marc. 187 ist an wenigen Stellen korrigiert, so 213, 19 λόγω zu ὅλω; 214, 8 ist das fehlende τῶ ἁλίω nachgetragen.

Im TL ist Marc. 187 die Vorlage der Aldina vgl. S. 79; diese teilt die Lesarten und oben angeführten Sonderfehler von Marc. 187.

Marc. 190 Als dritter Abkömmling von Marc. 186 stellt sich *Marcianus graecus 190* dar. Beschreibung Morelli 114; Procli in Plat. Tim. comm. ed. E. Diehl Bd. 1, XVIIff. Eine schöne Pergamenthandschrift von 270 Blatt, für Bessarion geschrieben [1]). Sie enthält den Timaioskommentar des Proklos, davor 1r-4v den TL; es folgt auf 271r-281r Proklos' Kommentar zum 1. Alkibiades.

Marc. 190 kommt im TL aus Marc. 186 und ist von N her beeinflußt. Nach Diehl Bd. 1, XIX geht Marc. 186 in den ersten beiden Büchern des Timaioskommentars des Proklos mit N. Im TL kommen nur wenige Lesarten von N vor, wie 207, 9 χειρόμακτα; 218, 9 ὑπάτῳ richtig für ὑπ' αὐτῷ Marc. 186 EB; 220, 25 Randvariante zu σύρροον γρ. σύσσοον (σύνσοον N); wahrscheinlich 217, 21 ταγὼν: σταγὼν cett; 219, 22 διαρρέοντα: διαιρέοντα cett. Im Übrigen stimmt Marc. 190 ganz mit 186 überein, nicht mit dessen übrigen Abschriften, und hat mehrere Sonderfehler, z.B. 208, 19 διαιρήκει κατὰ μοῖραν: κατὰ μοῖραν διαιρήκει cett; 214, 7 ὅσον: ὀκόσον cett; 222, 18 δοξασμῶς: δαξασμὼς BE. Einige Sonderfehler lassen sich aus der Schreibweise von Marc. 186 verstehen: 215, 13 ῥιπᾶς: ῥοπᾶς in 186 sieht so aus; 218, 15 νεσίοις: νεύροις in 186 so lesbar.

Die Zahlen sind wie in 186 angeordnet, haben jedoch einige Fehler gegen 186.

Es ist möglich, daß die Lesarten aus N in einem Zwischenglied eingeflossen sind.

Abschriften von Marc. 186

2. Gruppe

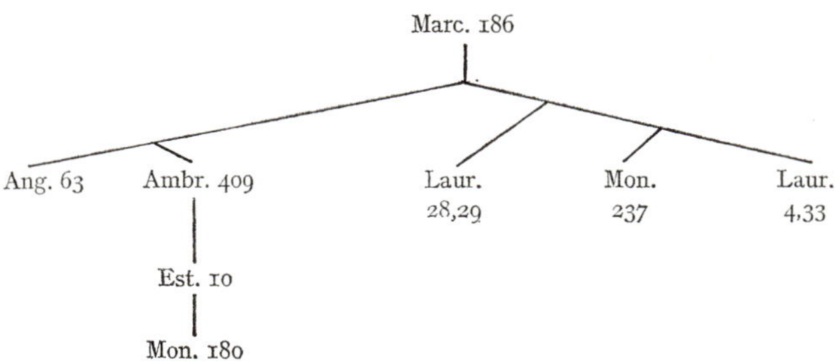

[1] Die Angabe von Morelli zu Marc. 190 S. 114: Procli commentarium in

Neben diesen drei Handschriften geht eine Gruppe von Handschriften auf Marc. 186 zurück, welche durch einen nicht erhaltenen Kodex gehen muß; es sind Ambr. 409, Ang. 63, Laur. 28, 29, Mon. 237, Laur. 4, 33. Für sie ergibt sich das obige Stemma.

Ambr. 409 *Ambrosianus 409* (G 69 sup.). Beschreibung Martini-Bassi I, 488ff. Papier, II + 345 Blatt; ein Miszellankodex ohne erkennbare Ordnung, mit Astrologischem darunter, 294r-298r der TL. Das Buch hat Johannes Dokeianos gehört; nach Ansicht von Martini-Bassi ist es auch von ihm geschrieben [1]).

Est. 10 Als terminus ante quem ist 1484 gegeben durch die Abschrift *Modena Estensis 10* (α. V. 2, 10 olim II A 10). Beschreibung Puntoni StudIt 4, 1896, 387f. Ein kleines Büchlein aus Papier, 362 Blatt, von Matthaios Kamariotes geschrieben, 1484 von diesem Georg Valla geschenkt [2]). Der Text des TL (336r-344r) stimmt mit Ambr. 409 überein, hat z.B. dieselbe Lücke 205, 10 ἀκίνατον — 11 νοατόν τε καὶ, hat Korrekturen von ihm im Text und hat Sonderfehler, z.B. 207, 15 μεμόραται: μεμόρακται Ambr. 409 cett; 222, 13 ἔτι ποτὶ konjiziert aus einer in Ambr. 409 als ὅ τι ποτὶ eingedrungenen Variante (s.S. 44). Konjektur des Schreibers ist auch die Einführung des Akkusativs statt des Nominativs 223, 17 τὰς μὲν . . . τὰς δὲ παιδευτικάς.

Mon. 180 Abschrift aus Est. 10 wiederum ist *Monacensis 180*. Beschreibung Hardt Bd. 2, 217ff. Papier, 287 Blatt, von verschiedenen Händen, nach den Wasserzeichen nicht vor Anfang des 16. Jh., eine Sammelhandschrift. Im TL, 147r-155r, folgt Mon. 180 dem Est. 10 auch in dessen Sonderfehlern, hat dessen Varianten von zweiter Hand im Text wie 207, 3 βουλόμενος statt δηλούμενος, hat Sonderfehler wie 206, 2 ἄμορφον μὲν: ἄμορφον δὲ cett; 207, 13 αὐτὸς: ἐκτὸς cett. Ein Zwischenglied wird nicht gefordert.

Platonis Timaeum hoc in codice describi, Timaei Locri libello praemisso, Bessario curavit Georgii Presbyteri Cretensis manu, quam codex proxime sequens ostendit, ist unzutreffend. Die Hand des Schreibers von 190 ist verschieden von der von Marc. graec. 191 Blatt 6-282, die durch die Subscription 282r als die des Georgius Cretensis (für Bessarion) ausgewiesen ist.

[1] Vgl. Vogel-Gardthausen 169f.

[2] Nach einer Eintragung von G. Valla 362v: Liber hic scriptus e manu doctissimi viri ducis Matthei Camarioti Constantinopolitani; quem mihi dono dedit anno domini 1484. Vgl. Vogel-Gardthausen 295.

Ang. 63 Rom *Angelicanus 63* (c.4.13). Beschreibung P. Franchi de' Cavalieri — G. Muccio, StudIt 4, 1896, 114f. Papier, aus verschiedenen Heften nachträglich zusammengesetzt; der Teil mit TL, 13-26, war selbständig. Über Ang. 63 als Vorlage der Übersetzung des Gregorius Tiphernas siehe unten S. 50. Mit deren Datierung ist der TL-Teil von Ang. 63 vor Mitte des 15. Jh. datiert (die Katalogangabe 16. Jh. für sämtliche Teile ist für TL zu korrigieren).

Laur. 28, 29 *Laurentianus Plut. 28 cod. 29* (Stallbaum Z). Beschreibung Bandini Bd. 2, 54. Papier, 66 Blatt, von einer Hand geschrieben; zwischen Platonischem und Josephus 45r-55v der TL.

Laur. 4, 33 *Laurentianus Plut. 4 cod. 33*. Beschreibung Bandini Bd. 1, 555. Papier, 117 Blatt, Ende 15. Jh. Ein kleiner Miszellankodex, nach Reden von Basileios, Lysias, Demosthenes, Dion, Platon Menexenos der TL 108r-117v (Überschrift Τιμαῖος ὁ μικρός).

Mon. 237 *Monacensis 237* (Bekker q). Beschreibung Hardt Bd. 3, 459. Papier, 294 Blatt. Nach 4 vorgehefteten Blättern sind Platon Politeia, Timaios, TL 262r-270v von einer Hand geschrieben, das Folgende anscheinend nicht mehr. Hinter dem TL hat sich der Eigentümer eingetragen: Δημητρίου Ραούλ τοῦ καβάκη ἕλληνός τε καὶ θρακός [1]).

Diese (mit Ambros. 409) fünf Handschriften gehen mit Marc. 186, zeigen nicht die Abweichungen der anderen aus Marc. 186 kommenden Handschriften und haben einige Fehler gegen Marc. 186 gemeinsam.

Die Herkunft aus Marc. 186 beweist neben den mit seiner Vorlage Marc. 517 gemeinsamen Lesarten das Vorhandensein seiner Sonderfehler, z.B. 222, 18 τινα om.; 224, 8 ψεύδεα mit korrigiertem Marc. 186, statt ψευδέας δόξας cett.

Unter sich haben sie gegen Marc. 186 z.B. folgende Lesarten gemeinsam: 209, 6 πως om. (das Zusammentreffen mit Marc. 185 und den von ihm abhängigen Handschriften wird Zufall sein); 209, 8 καὶ vor ἑξακοσίων add; 214, 12 γενόμενος: προγενόμενος Marc. 186 cett; 221, 23 τελευταία δή: τ. δὲ Marc. 186 cett; 223, 3 μᾶλλον

---

[1] Demetrios Rhaul ist auch als Schreiber bekannt, vgl. Vogel-Gardthausen 102; er kam 1466 nach Rom, datierte Handschriften von ihm stammen aus den Jahren 1480 und 1487.

ἐπάγεται: ἐπάγεται μᾶλλον Marc. 186 cett; 222, 13 haben Laur. 4, 33, 28, 29 und Mon. 237 (statt ποτὶ [recte] Marc. 186 cett) τὶ περὶ, Ambr. 409 ὁ τὶ ποτὶ, Ang. 63 περὶ und darüber von derselben Hand οτι. Die verschiedenen Lesarten erklären sich aus einer Korrektur oder Variante, wo wie in Ang. 63 οτι über περι gestanden haben muß.

Diese fünf Hss müssen also alle auf eine Handschrift, Abschrift von Marc. 186, zurückgehen.

Unter sich scheiden sie sich in die beiden Gruppen Ang. 63, Ambr. 409 und Laur. 28, 29, Mon. 237, Laur. 4, 33.

Ang. 63 und Ambr. 409 haben eine Lücke gemeinsam: 205, 10 καὶ ἀκίνατον — 11 νοατόν τε (46 Buchstaben, wahrscheinlich einer Zeile der Vorlage entsprechend). Ferner Sonderfehler wie 209, 7 δὲ (nach τὸν) om.; 223, 10 ἀναλήσεως: ἀναλόγως Marc. 186 cett.

Jede der beiden Handschriften hat trennende Fehler. Ang. 63 z.B. 207, 19 ἐκτὸς om.; 208, 7 δὲ (nach καθ' ἂν) om.; 223, 7 καὶ (vor κάλλους) add; 223, 15 ταὶ (vor δυνάμιες) om. Ambr. 409 z.B. die Lücke 217, 10 καὶ κατ' — ἀὴρ ποτὶ γᾶν (beidemal ποτὶ γᾶν). Ferner Sonderfehler wie 208, 8 ἀρτεμέουσα: ἀρεμέουσα cett; 222, 13 ὁ τὶ ποτὶ (Ang. 63 περὶ mit οτι darüber, siehe oben); 224, 15 δείγματα: δείματα cett.

Beide Handschriften sind also auf eine gemeinsame Vorlage zurückzuführen.

Die andere Gruppe hat gleichfalls gemeinsame Lücken: 215, 19 τρίτων — 216, 1 ἔασσα; 217, 1 ἀλλοίωσιν — 3 θεὸς. Ferner gemeinsame Sonderfehler, z.B. 207, 18 αὐταρκέστατο: αὐταρκέστατον τὸ cett; 208, 12 ποτάρπιται: ποτάρτηται cett; 214, 21 μῖραν: μίαν μοῖραν cett; 221, 20 φλέγμα: φλέγματος cett.

Laur. 4, 33 und Mon. 237 haben ihrerseits gemeinsame Sonderfehler gegen Laur. 28, 29, z.B. 208, 6 τἄλλ': τἄλλα cett; 208, 8 μῶνα: μόνα cett; 208, 19 ἀποεῖν (Mon. 237[1]): ἀγνοεῖν cett; 209, 3 ἀφαιρέον: ἀφαιρέων cett; 209, 4 μονάδον: μονάδων cett; 223, 23 ἐρρωμένας τὰς: ἐρρωμέναι ταὶ cett.

Beide haben zahlreiche eigene Sonderfehler. So Laur. 4, 33 eine Lücke 205, 8 ἀρχὰν — 9 ἀνάγεσθαι (Lücke nicht aus Mon. 237 zu erklären); 222, 7 πάθεα om.; 208, 9 μήπω καὶ: μήποκα cett. Mon. 237; 224, 17 ὅσα om.; 224, 20 ξέναι om.; 206, 15 ἐξα ορίστων (statt ἐξ ἀορίστων); 208, 19 ἀψυχαὶ: ἁ ψυχὰ cett.

Es ist also für diese beiden eine gemeinsame Vorlage zu erschließen. Diese ist nicht *Laur. 28, 29* da er Sonderfehler hat, z.B. 206, 16 τε: ταὶ cett; 207, 21 αὔξασιν: αὔξαν cett; 221, 11 ἐν ἰστόματι: ἐν ἰσότατι cett; 223, 18 ἐπιμίξεων: ἐπιπλαξίων cett.

Die Vorlage von Laur. 4, 33 und Mon. 237 kommt also aus der von Laur. 28, 29 (oder steht neben ihr) und geht auf den Abkömmling von Marc. 186 zurück, aus dem auch Ang. 63 und Ambr. 409 kommen; siehe Stemma S. 41.

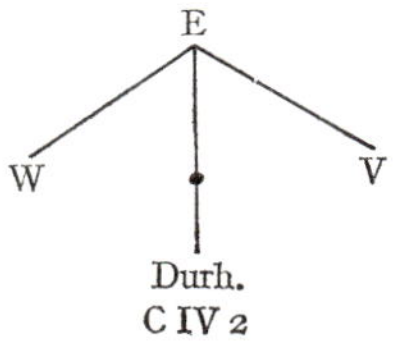

Durh. C.IV.2. Zur E-Gruppe gehört die Handschrift in Durham, *The Cathedral Library C.IV.2*. Es gibt keinen analytischen und beschreibenden Katalog der Hss dieser Bibliothek. Aufzählung bei Thomas Rud, Codicum Manuscriptorum Ecclesiae Cathedralis Dunelmensis Catalogus Classicus. Nähere Angaben konnte ich infolge ungünstiger Umstände von dort nicht erhalten. Ich entnehme die Angaben aus L.A. Post, The Vatican Plato and its Relations, 1934, 85: Pergament und Papier, in der Hand von Emmanuel von Konstantinopel [1]). 15. Jh., TL, Platon Tetr. VI 4 (Menon) — VIII 2. Diese Stellung des TL ist singulär; jedoch sind Verbindungen zu E (oben S. 17), der auch VIII 2 endet, möglich. TL steht auf Blatt 1-10, ich habe den Text, soweit leserlich, am Microfilm kollationiert. Die Seiten mit TL sind an den unteren Ecken (1 und 2 auch an den oberen), wohl durch Feuchtigkeit, zerstört und zum Teil unleserlich. Die Schrift ist flüchtig und oft schwer lesbar, die Worte sind oft nicht oder kaum getrennt, die Akzentuierung ist nicht immer durchgeführt. Weder Korrekturen noch Varianten sind vorhanden. Es ist mir trotz sorgfältiger Prüfung nicht möglich gewesen, die Hs in einer der Untergruppen der E-Gruppe anzusiedeln, da sie keine der Besonderheiten dieser Untergruppen mitmacht. Sie selber weist eine Fülle von Fehlern auf, aber, mit einer Ausnahme vielleicht, keine sonst unbekannten Lesarten. Die Vorlage muß Varianten und Erläuterungen enthalten haben, da sich so einige Fehler am besten erklären. Zahlen und deren Erläuterungen fehlen (in E am Rand bzw. hinten).

---

[1] Eine auf 1468 datierte Hs genannt bei Vogel-Gardthausen 118.

Beweis für die Herkunft aus E sind Fehler von E, die in der von E abhängigen Gruppe durchgängig auftreten; z.B. die beiden Lücken 214, 8 προαγέηται: προαγέηται τῶ ἀλίω BN; 215, 12 βάσις: βάσις τῶν ἄλλων BN Simpl.; 218, 8 ἵδρυται μένον: ἵδρυται BN; die Lesart erklärt sich aus der Variante in E ἱδρυμένον, ται (mit Akzent über ἱ) über der Endung geschrieben, also zu ἱδρυμένον die Variante oder Korrektur ἵδρυται; ἵδρυται μένον in dem durch W gehenden Zweig und zum größten Teil in dem durch V gehenden (μένον fehlt nur in Par. 1810 und den von ihm abhängigen Hss); 224, 10 σὺν αὐτῶν κακία E (und N): αὐταρκεία B (durch seine Abschriften bezeugt).

Die Hs macht nicht die Sonderfehler von W mit. Ich wähle solche aus, die in dessen Abkömmlingen durchgehen. 213, 21 τῶν δὲ γεννατῶν W, in Marc. 517 zu τὸν δὲ γεννατὸν geändert, so in den weiteren Abkömmlingen: τῶν δὲ γεννατῶν ἕκαστον Durh. mit V (also auch E) BN; 219, 23 κεχώρισται W: διώρισται Durh. mit V (also auch E) BN; 225, 10 καὶ γεννητῶ W, in Marc. 517 ersatzlos getilgt, nicht mehr in den Abkömmlingen: καὶ νοητῶ Durh. mit V (also auch E) AL = B.

Andererseits macht die Hs auch nicht die Sonderfehler von V, dem Vater des anderen Zweiges aus E, mit. Ich wähle wieder solche aus, die in den Abkömmlingen beibehalten sind, drei Lücken: 222, 10 ἔρωτες γὰρ πόθοι V (soviel ich sehe: in allen Abkömmlingen): ἔρωτες γὰρ καὶ πόθοι Durh. mit W (also auch E) BN; 224, 3 πείθοντι καὶ ποταναγκάζοντι V und Abkömmlinge: πείθοντι, τὰ δὲ καὶ ποτ. Durh. mit W (also auch E) N (τὰ δὲ nach Lücke vorher auch B, wie die Abschriften zeigen).

Die Vorlage unserer Hs ordnet sich also keiner der beiden aus E kommenden Gruppen zu, sondern muß, so ungern man das zugibt, neben V und W auf E zurückgehen. Das Ausfallen der Leitfehler der beiden E-Stränge durch V und W läßt sich schwerlich aus Kontamination erklären, ebenso wie das Fehlen aller Sonderfehler der Untergruppen nicht mit Kontamination zu erklären ist. Wo W und V E ersetzen, geht unsere Hs immer gegen die Sonderfehler des einen der beiden.

Nur in einem Fall, soviel ich sehe, geht Durh. gegen eine Sonderlesart von VW(= E) mit BN, wo eine Änderung durch Konjektur nicht in Betracht kommt: 224, 19 ἀνείργομες Durh. mit BN: ἀπείργομες WV(= E). 221, 5 ἀπὸ τῶ πυρὸς WV: ὑπὸ τῶ πυρὸς Durh. mit BN liegt es anders: in V, dann wohl auch E, steht ὑ über ἀπὸ, also ὑπὸ als Variante oder Korrektur zu ἀπὸ (ὑπὸ auch in Par. 1810, auch als Konjektur leicht zu finden). Der eine vorher genannte Fall reicht nicht, um Durh. aus einer E ganz nahen anderen Hs abzuleiten. Es ist gut möglich, daß auch da eine Variante in E stand, die von beiden Abschriften W und V nicht notiert ist. Mindestens ein Zwischenglied zu E ist aber anzusetzen.

Für Herkunft aus E spricht auch 216, 12 der Zusatz im Text οἷον ὧν συμφωνίαν, ἥ ἐστι τὸ ἡμιτρίγωνον, bekannt aus N, wo er auch in den Text geraten ist; in E steht er am Rande mit Verweis im Text (so auch in Neap. 341 und Vat. 229).

Weitere Einflüsse aus N (solche N-Lesarten stehen in E öfter am Rand) sind 207, 9 χειρόμακτα mit N (nicht in E; auch in Neap. 341 am Rand): χειρόγματα B^1E^1 χειρήγματα B^2E^2; 209, 8 μιας $\overset{\upsilon}{\mu}$ ια καὶ: μιᾶς καὶ N (Korruptel aus $\overset{\upsilon}{\mu}$ [= μυριάδων] ια καὶ): in E Rand beschnitten, dasselbe wie bei Durh. auch in Neap. 341 am Rand bei Ausfüllung einer Lücke; der Korrektor von Neap. 341 hat hier also Verbindung zu den Lesarten unserer Hs, sonst aber hat Neap. 341 nichts mit unserer Hs zu tun.

Von den Sonderfehlern unserer Hs sind interessant 214, 8 δε εω ὅσα (Akzentsetzung so, wie es scheint): δὲ ἑῶος mit α über ωο E, beibehalten in den Abkömmlingen V und W (dort bis Marc. 517, dann ohne das α); der Fehler erklärt sich also aus einer Schreibung wie in E; 215, 5 οὕτοος (statt οὕτως, in E ως als Ligatur, in W und V klar οὕτως; der Fehler könnte auf eine Schreibweise des ω, wie sie meist in E anzutreffen ist, wo das ω zwei ο ähnlich sieht, zurückgehen, also Zeichen für Nähe zu einer alten Hs sein); 216, 11 γένος (statt γένεος), in E γενε mit ο über ε, der Fehler könnte auf eine solche Schreibweise zurückgehen). Anhalt anderer Sonderfehler in Eigenarten von E habe ich nicht gefunden.

Sonstige Sonderfehler z.B.: Größere Lücke, wohl Zeile der Vorlage, 207, 12 ἐστι — 13 τὰ αἰσθητὰ (so falsch, nicht νοητὰ in EB) ζῶα, also Sprung von 11 τὰ αἰσθητά zu 12 τὰ αἰσθητὰ ζῶα; 207, 15 μέρακται: μεμόρακται EB; 208, 1 ποτ' ἄλλα: ποτ' ἄλλαλα cett (dieselbe Korruptel auch in der Überlieferung des Zitats bei Jamblich); 208, 15 μορφαὶ: μορφᾶς cett; 213, 25 τὰν αμερίπαν κίνασιν: τὰν καθ' ἅπαν κ. E, mit Verweis über ἅπαν, die Randvariante fehlt jetzt; das unverständliche Wort entweder aus Verlesen einer Variante (dann Konjektur; dies wäre die einzige singuläre gute Lesart der Hs) ἁμερησίαν (ἁμέραν coni. Hermann) oder Vermischung zweier Lesarten ἅπαν und ἁμέραν unter Ausfall des καθ' (dies dann Konjektur);

218, 8 ἑκάστερον: ἑκάτερον cett; 218, 14 τουτέων: τουτέων δὲ cett; 219, 20 ἀποτάκοντα δὲ: ἀπ. μὲν cett; 220, 18 τᾶς τροφᾶς: τᾶς μὲν τροφᾶς cett; 222, 9 ἔξω κακίας zusätzlich vor ἐκ σώματος rätselhaft, hier muß eine Glosse eingedrungen sein; 223, 3 μᾶλλον om. Für die flüchtige Schreibweise zeugen Vertauschung von υ und η (z.B. 220, 5 ὕπατος statt ἥπατος), υ und ι (z.B. 221, 1 συκία statt σικύα). ο und ω (z.B. 218, 13 τῶν λοιπῶν statt τὸ λοιπὸν), ε und αι (z.B. 223, 23 τέ δυνάμιες statt ταὶ δυν.), eine Dittographie 224, 2 von ὑπὸ θεῶν (oder sollte dahinter die richtige Variante aus N ὑπὸ ἐθέων stehen?).

Die Lesarten der Hs bringen nichts Neues und brauchen bei ihren eigenen zahlreichen Fehlern auch in dem Teil, wo E durch V und W ersetzt wird, nicht im Apparat aufgeführt zu werden.

Der Vollständigkeit halber sei ein Bruchstück des TL in dem *Estensis 144* (T 8 13 olim II E 11) erwähnt. Beschreibung Puntoni StudIt 4, 1896, 475ff. Papier. Verschiedenes, von verschiedenen Händen im 15. Jh. geschrieben, ist zusammengebunden. Auf Blatt 110 (112 Puntoni) ist bis zu 2/3 der Seite ohne Überschrift, die dem Rubrikator vorbehalten blieb, der Anfang des TL bis § 12 Ende geschrieben. Eine Einordnung ist bei der Kürze des Textes nicht möglich; das Stück hat mehrere Sonderfehler.

Nach Angelicanus 63 ist die älteste lateinische (nicht gedruckte) Übersetzung des TL, die des Gregorius Tiphernas (Castellanus, aus Città di Castello, dem alten Tiberinum am Tiber in Umbrien) angefertigt. Gregorius Tiphernas (vgl. M. E. Cosenza, Dictionary of the Italian humanists, 4, 3412), c. 1415-1466, hat nach einem Aufenthalt in Griechenland an verschiedenen Orten Italiens, 1458 auch an der Sorbonne gelehrt, viel geschrieben und Papst Nicolaus V. (1447-1455) eine Reihe von Übersetzungen dediziert (so Aristoteles, Nikomachische und Eudemische Ethik, beide aus je einem, fehlerhaften Exemplar, vgl. G. Voigt, Die Wiederbelebung des class. Altertums, ^{2}1881, 2, 183f; also wie in unserm Fall), darunter den TL. Die Übersetzung ist also auf die Zeit zwischen 1447 und 1455 datiert. Ich habe sie in drei Handschriften angetroffen, Vaticanus gr. 1033 (siehe oben S. 15), Vat. lat. 4037 und Oxford Balliol College 131 [1]).

[1] Eine weitere ist, wie ich nachträglich sehe, nachgewiesen bei P. O. Kristeller, Iter Italicum 1 (1963), 339: Mailand, Ambrosiana Q 46 Sup., Per-

Der Oxforder Kodex (beschrieben von H. O. Coxe, Catalogus codd mss qui in collegis aulisque Oxon. hodie asservantur, Oxford 1852, und im handschriftlichen Verzeichnis im Balliol-College, behandelt auch bei P. Lockwood, Harv. Stud. in Class. Philol. 24, 1913, 51ff), Pergament, 25,7 x 15,7 cm, aus drei Teilen zusammengebunden. Der zweite, vorne und hinten unvollständig, enthält Übersetzungen des Rinucius Aretinus (Rinucci da Castiglione) aus dem Griechischen, der auch für Nicolaus V. gearbeitet hat, darunter seinen Aesop (1448) und Brutus Briefe (1450), womit ein terminus post für diesen Teil gegeben ist. Der erste Teil enthält f. 2-13 die Übersetzung des TL, in sehr sorgfältiger Renaissance-Buchhand, mit Initialen und Randleisten in Gold und Farben verziert. Der Kodex ist dem Balliol College von William Gray geschenkt, der 1449-1454 Legat war und Rinucci persönlich gekannt hat. Er hat sicher den Kodex (alle Teile?) in Italien erworben und wird ihn vielleicht von dort mitgebracht haben. Nach der sorgfältigen Ausstattung des TL-Teiles könnte man vermuten, daß er das ursprünglich für den Papst bestimmte Exemplar war. Bemerkenswert, aber bei der sorgfältigen Ausstattung naheliegend, ist, daß er zahlreiche Fehler, darunter unsinnige Wortgebilde hat, also nicht durchkorrigiert ist.

Vaticanus latinus 4037 ist noch nicht im Katalog beschrieben, sein Inhalt ist im handschriftlichen Index aufgeführt. Er ist von einer offenbar gelehrten Hand geschrieben, 15. Jh. (J. H. Waszink, Timaeus a Calcidio translatus ..., Leiden 1962, CXXVII: Ende 15. Jh.), Papier, 242 Blatt (in 2 Teilen gebunden). Auf eine lange Reihe von Schriften Bessarions folgen Calcidius' Übersetzung von Platons Timaios und 126r-130r die Übersetzung des TL von Gregorius Tiphernas; dann 16 weitere lateinische Schriften oder Übersetzungen. Die Zahlenreihe § 22 (s.u.S. 63f) ist ausgelassen, ohne Zwischenraum.

Sonderfehler von Balionensis 131 z.B. eine Lücke ~ § 56 219, 21 Eliquantia et linguam abstergentia ⌊acerba esse constat; moderate abstergentia⌋ salsa (die Worte innerhalb der Haken fehlen in Bal. 131, sind da in Vat. 1033 und Vat. lat. 4037; Sprung zum gleichen Wort); 216, 15 (πυραμίς) pytamis (Pyramis Vat. 1033 Vat. lat. 4037); 219, 8 (λόγον) orotionem (orationem Vat. 1033 Vat. lat.

gament, datiert am Schluß 313v auf 1457, zusammen mit den lateinischen Übersetzungen des Gaza von Aristoteles Problemata und Alexander von Aphrodisias Problemata, TL auf f. 303r-313v.

4037); 221, 19 (δριμύ) aere (acre Vat. 1033 Vat. lat. 4037); die Verwechslung der Buchstaben zeigt, daß der Schreiber ohne jedes Verständnis des Sinns schreibt).

Eindeutige Sonderfehler von Vat. 1033 konnte ich nicht feststellen, doch zeigen einige Abweichungen (itaque statt igitur, ac statt et), daß mit Blick auf den Sinn abgeschrieben worden ist. Eine Reihe Fehler in Bal. erklären sich nicht aus der Schreibweise von Vat. 1033 (so luno statt Juno, focarum statt fixarum), sondern müssen in einer andern Vorlage ihren Anlaß haben.

Vaticanus lat. 4037 kommt weder aus Vat. gr. 1033 (er hat die Widmung an den Papst) noch aus Bal. 131, sondern steht neben beiden, wie er auch in Kleinigkeiten der Wortstellung und Orthographie mal mit dem einen, mal mit dem andern geht.

Die drei Hss gehen also nebeneinander auf ein Exemplar der Übersetzung des Tiphernas zurück.

Die Übersetzung des Gregorius Tiphernas läßt mit Sicherheit eine einzige Handschrift als Vorlage erschließen, und zwar Angelicanus 63. Sie hat die Lücke von Ang. 63 (und Ambr. 409) 205, 10-11 (siehe oben S. 44). Sie folgt überall dem Text von Ang. 63, auch in dessen Trennfehlern. Z.B. 208, 7 καθ' ἂν Ang. 63, statt καθ' ἂν δὲ (καθ' ὃ μὲν <sc. σχῆμα> — καθ' ἂν δὲ <sc. κίνασιν>) per quam <sc. sphaeram> motum semper efficit circularem Tiph. (der Bezug von καθ' ἂν ist wegen des fehlenden δὲ nicht verstanden, ein anscheinender Sinn ist hergestellt); 221, 17 ἁ τῶ αἵματος τροπά Ang. 63 (statt αἱ . . . τροπαί) eversio sanguinis Tiph.; 222, 11 ἵμεροί τε ἄλυτοι Ang. 63 statt ἔκλυτοι cupidines insolubiles Tiph.; 208, 3 bei ταῦτα δ' ἀριθμήμεναι μὴ μετ' ἰσοκρατίας ἀμήχανον παντί (ist jedem unmöglich) ist in Ang. 63 über παντί von anderer Hand κόσμω geschrieben, Tiph. übersetzt: Fieri profecto nequit quin haec cum aequalitate adnumerentur universo, also statt παντί κόσμῳ.

Ob die Lücke ~ § 34 216, 10 ἀμετάβλητόν τε σῶμα εἰς ἄλλα om. auf eine solche des griechischen Texts, also dann einer Abschrift aus Ang. 63 (unwahrscheinlich), oder auf die gemeinsame Vorlage von Vat. 1033 Vat. lat. 4037 und Bal. 131, das heißt wohl auf eine Flüchtigkeit des Tiphernas selber zurückgeht, läßt sich nicht ausmachen.

Voran geht (nicht in Vat. 1033) die Widmungsvorrede an den Papst: Gregorii Castellani ad Nicolaum V. Pont. Max. translatio in Timaeum. Sie spricht davon, daß Platon im Timaios die Schrift des Pythagoreers Timaios weiter ausgeführt habe, allerdings auch er noch dunkel für uns, kaum so sehr für die Zeitgenossen, die mit solchen Studien vertraut waren. Seine Übersetzung des TL, die erste, wolle die Schrift zugänglicher machen [1]).

Die Zahlenreihe § 22 hat Tiphernas zu einer fortlaufenden Reihe von 34 Kästchen mit arabischen Ziffern ausgebaut (in beiden Abschriften, also auch im Original über 2 Seiten, das Bild ganz ähnlich), wobei bei beiden Apotomai je zwei Zahlen im Kästchen stehen. Durch Bögen oben sind Oktaven und Doppeloktaven angezeigt (und 4 Oktaven + Quinte + Ton), unten die Quarten und Quinten.

Stemma der von B (13. Jh.) abhängigen Hss

(wie die beiden folgenden Stemmata ohne Berücksichtigung der Kontaminationen durch Korrekturen und der Zeiten)

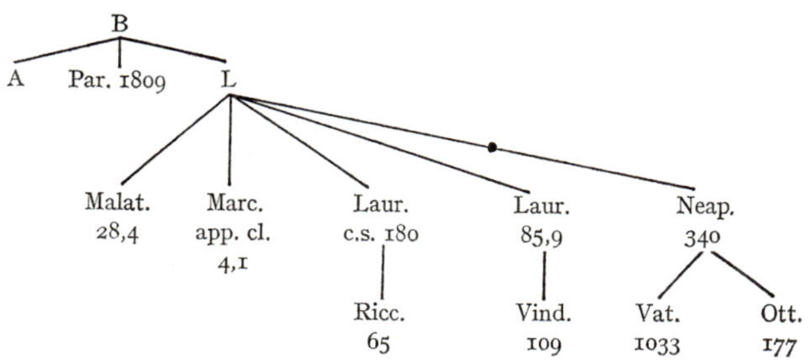

[1] Hunc itaque, cum nulla eius translatio existat, et propter antiquitatem ipsam, sententiarum gravitatem varietatemque rerum, quae in eo tam multae tam breviter attinguntur, ac etiam propter Italiam patriam, si quid id momenti habet (dieses Interesse am TL taucht öfter im Italien der Renaissance auf), veluti <in> quandam studiorum [in] eorum degustationem libenter nomini tuo transtuli, quod novarum peregrinarumque rerum cognitione magnopere delectaris et romanam linguam huius modi traductionibus locupletas. Er spricht dann über das für plump gehaltene Dorisch, das doch Theokrit gewandt gebraucht habe, und erteilt dem Timaiosübersetzer Calcidius eine Rüge: Platonis autem dialogus, qui totus ab hoc sumitur, aliquanto durius a Calcidio quodam translatus est, ut qui illam Platonis eloquentiam nequiverit imitari. Nec vero dubito, summe atque optime pontifex, Timaeum ipsum, quamquam Marco Tullio ignoratur, tibi cognitum iri.

Stemma der von E abhängigen Hss

Teil 1

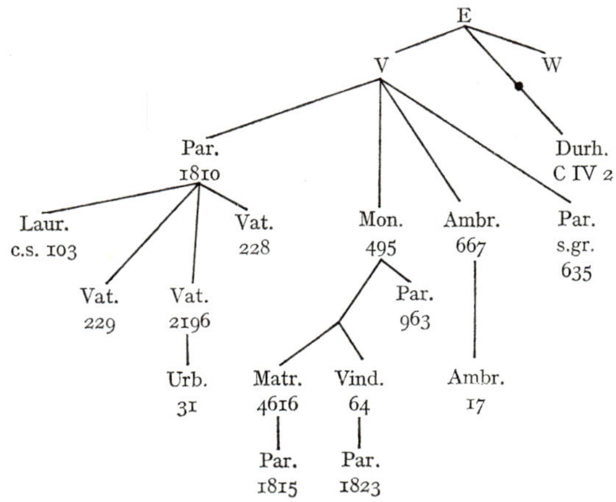

Stemma der von E abhängigen Hss

Teil 2

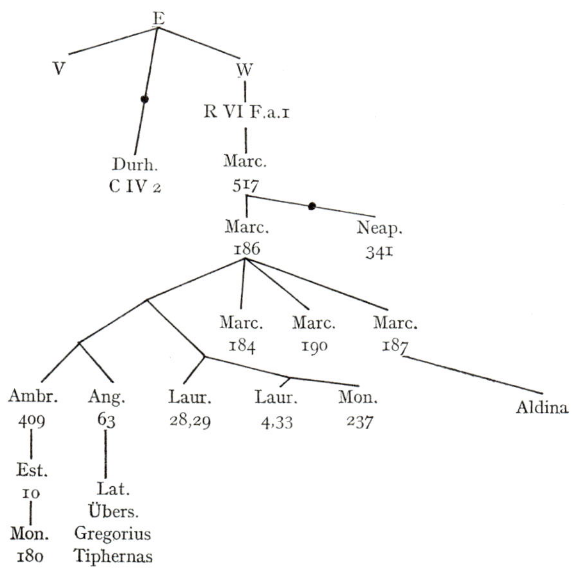

DAS VERHÄLTNIS DER HAUPTHANDSCHRIFTEN UND DIE INDIREKTE ÜBERLIEFERUNG

Verhältnis von N (Neapel Bibl. Naz. 312 = Borbonicus III D 28), B (Parisinus gr. 1808) und E (Escorial cod. gr. 306 = y I 13), der drei Hss, auf die der Text zu gründen ist.

N und Marc. gr. 190 sind die einzigen beiden Hss, die den TL vor Proklos' Timaioskommentar bringen. Marc. gr. 190 kommt im TL aber aus Marc. gr. 186, einem Platonkodex, der wiederum den TL aus Marc. gr. 517, einem Miszellankodex, hat (vgl. S. 39). N ist also die einzige Handschrift, die den TL fest mit Proklos' Kommentar verbunden hat, bei den zahlreichen andern Hss von Proklos' Timaioskommentar fehlt der TL. Diehl macht aber in seiner kritischen Ausgabe von Proklos' Kommentar S. VIII wahrscheinlich, daß auch im Archetyp, auf den Marcianus gr. 195 zurückgeht, der TL vor dem Kommentar stand. Es spricht ja auch viel dafür, daß die Anordnung von Proklos selber (siehe test. 12a) nicht verloren gegangen ist. Wann die Zuordnung zum platonischen Corpus, wie sie in B und E vorliegt, erfolgt ist, läßt sich nicht sagen, auch nicht, ob der TL da von der Verbindung mit Proklos' Kommentar genommen ist, oder ob er selbständig oder mit anderem verbunden vorlag. Die Verschiedenheiten der beiden Überlieferungsstränge sprechen dafür, daß ihre Trennung in sehr frühe Zeit zu setzen ist.

N Bei den Lesarten von N sind zwei Schichten zu sondern. Die eine sind Verschreibungen oder Änderungen, die keinen Sinn geben. So 208, 1 ῥυσθμῶς (ῥυσμῶι B Jambl. ῥυσμῶ E), in der Vorlage ῥυσμῶι mit θ über dem σ (oder umgekehrt); 208, 2 παράξ statt παραλλάξ, eine Ligatur ist nicht verstanden; 208, 5 σφαῖρον statt σφαῖρα ὄν, wieder aus Ligatur oder hochgestelltem ὀν über α; 209, 8 μιᾶς statt μ (mit υ darüber) ια; so wird sich auch 207, 15 μεμύηται als Verlesung von μέμικται erklären (μεμόρακται BE, μεμοίρακται coni. Valckenaer); 218, 13 τῶν ὠτίων statt τῶν νωτίων; 223, 19 καλυπτικὰ statt ἀληπτικὰ WV (= E) ἀλειπτικὰ AL (= B), aus einer Verlesung ist ein bekanntes Wort hergestellt, wie öfters; 216, 12 ist mit οἷον ὢν συμφωνίαν, ἥ ἐστι τὸ ἡμιτρίγωνον wohl ein erläuternder Zusatz der Vorlage in den Text aufgenommen.

Der Schreiber von N ist also zu trennen von dem, der bisweilen kühne Änderungen in den Text eingeführt hat; das muß bereits bei einem Vorgänger geschehen sein. Diehl sagt S. XI von N, er habe beim Proklostext Fehler des Archetyps bisweilen glücklich, bisweilen allzu kühn verbessert; beim TL jedenfalls muß es ein Vorgänger gewesen sein.

Solche Änderungen bei N sind zum Beispiel: 215, 3 οὐδ' ὡρᾶν περιόδοις ἐμετρέετο (οὐδ' ὡρᾶν περίοδοι, αἷς μετρέεται B²E, bei B¹ fehlt αἷς), αἷς fehlte wohl in der Vorlage, durch die Änderung ist Sinn in die Stelle gebracht; 219, 10 κρίνεται (κλήζεται BE), die Änderung genommen vom folgenden ἃ μὲν γὰρ ἀφὰ κρίνει; 219, 22 διαρρέοντα (διαιρέοντα recte BE); 23 κεχόλωται (καὶ χυλῶται WV recte, καὶ χυλῶ B); 220, 23 ἀναγκαῖον (ἀνάγκα ὧν B WV=E), aus einer Verlesung wird ein sinnvolles Wort, es fehlt aber die Satzverbindung; 223, 20 σώματα ἀλλοιοῦσαι θεραπεύοντι statt σώματα ταχθεῖσαι (scripsi, ταχθεῖσα AL WV) θεραπεῦεν, N hat die Endung -εν wohl nicht verstanden, darum stärker eingegriffen; 224, 14 κόλασις τά τε ἄλλα ἐκ τῶν λόγων (κόλασις ἅ τ' ἐκ τῶν νόμων καὶ ἃ ἐκ τῶν λόγων AL WV recte), der Text muß verstümmelt gewesen sein, bei N ist ein Sinn hergestellt; 225, 10 καὶ κόσμω (καὶ νοητῶ AL V καὶ γεννητῶ Sonderfehler von W), der Grund der Konjektur von N ist unklar.

Bisweilen ist schwer zu beurteilen, ob in N Überlieferung steckt oder eine Herstellung. Doch bringt N in vielen Fällen eindeutig allein den richtigen Text oder führt auf ihn. An zwei Stellen werden übrigens Konjekturen von Valckenaer bestätigt: 218, 13 εἰς σπέρμα καὶ γόνον N: εἰς σπέρμα καὶ λόγον BE; 224, 2 ὑπὸ ἐθέων N: ὑπὸ θεῶν BE.

BE Die Handschriften B und E gehören gegenüber N zusammen und gehen auf einen ihnen gemeinsamen Ahn zurück. In diesem fehlten die Zahlen der Welteinteilung § 22 und die Erläuterungen. In E sind beide, jedoch voneinander getrennt, am Rand und hinten zugesetzt. Zwei B¹ und E¹ gemeinsame größere Lücken müssen in der Zeilenanordnung dieses Ahns oder seiner Vorlage ihre Begründung haben; obwohl beide Lücken durch Sprung zum gleichen Wort veranlaßt sind, schließt die Wiederholung ein zufälliges Zusammentreffen aus. § 33 216, 6 nach ἁμιτετράγωνον bis einschließlich 7 ἡμιτετραγώνων (62 Buchstaben); § 42 217, 18 nach τὸ δὲ πακτὸν bis einschließlich 19 τὸ δὲ πακτὸν (78 Buchstaben). Im ersten Fall stand die Ergänzung in E wohl wie in B am Rand und ist weggeschnitten, ein Strich markiert die Stelle im Text, W und V haben die Auffüllung im Text; im zweiten die Auffüllung in B und E (dort nur z.T. erhalten, in W und V im Text) auch am Rand. In beiden Fällen kommt die Auffüllung nicht aus N, da 216, 6 B und WV (= E) ἐστάσιος bieten, N richtig συστάσιος, 7 WV (=E) richtig τουτέω, B τουτέων, N τουτέου; 217, 18 BE ὑγρόν, N richtig ὑγρῶν. B und E haben die Auffüllung also entweder aus der Vorlage ihrer Vorlage vorgenommen oder haben, wahrscheinlicher, eine andere, uns nicht erhaltene, von dem N-Strang verschiedene neben ihrer Vorlage stehende Handschrift herangezogen. Ähnlich ist der Befund 219, 11f, wo von zwei B und E gemeinsamen Wortlücken nur eine ausgefüllt wird, und zwar falsch, βραχύτατα statt τραχύτατα; N hat richtig ξηρότατα ὑγρότατα λειότατα τραχύτατα εἴκοντα, B^1 und E^1 haben ξηρότατά τε λειότατα τὰ εἴκοντα, in beiden ist τὰ zu βραχύτατα geändert, aber nicht τε zu ὑγρότατα.

In einem Stemma läßt sich das so veranschaulichen

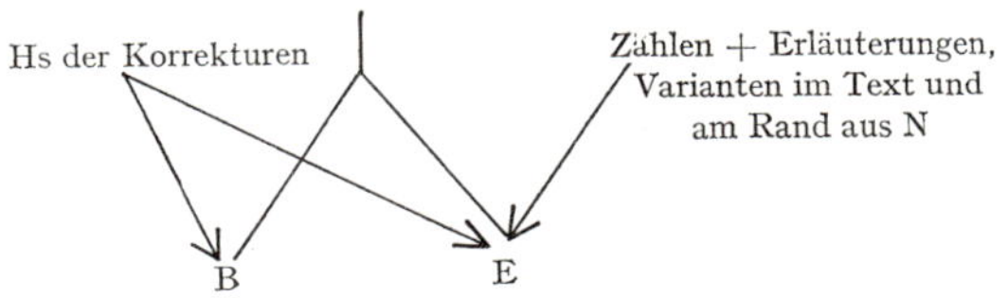

Doch mag das wahre Bild bei der starken Durchkorrektur von B und E noch komplizierter aussehen.

Ich führe einige der Trennfehler von BE gegen N an, wo es höchst unwahrscheinlich ist, daß der Ahn von N das Richtige durch Konjektur gefunden hat. Zuerst einige Lesarten, die dafür sprechen, daß ein Ahn von BE eng, mit Ligaturen und nicht deutlicher Worttrennung geschrieben war, also wohl frühe Minuskel. 205, 10 καὶ μένον BE: ἀμέριστον N richtig; μένον bringt nach dem vorhergehenden ἀκίνατον nichts Neues, die Lesart erklärt sich am ehesten aus Ligaturen der Vorlage. 214, 18 τὰν ἀπὸ δύσεως ἐπ' ἀνατολὰν κίνασιν BE: τὸ (richtig τὸν) ἀπὸ δύσεως ἐπ' ἀνατολὰν· ἂν κίνασιν N; der Text von BE ist im Zusammenhang sinnlos; wahrscheinlich ist im Ahn bei schlechter Worttrennung oder Ligatur der Vorlage das αν als Dittographie getilgt und damit τὸν in τὰν geändert. 218, 9 καθάπερ ὑπ' αὐτῶ τῶ σκάνεος ἅπαντος BE: καθάπερ ὑπάτῳ τῶ σκ. ἅ. N, (ὑπάτῳ von Valckenaer konjiziert); ein Worttrennungsfehler bei einem seltenen Wort, der Genitiv wohl als Genitiv absolutus verstanden. 218, 14 σκέπαν μὲν BE: σκέπαν εἶμεν N, das falsche μεν erklärt sich wohl aus einer Ligatur. 220, 25 κασσύροον B WV(=E): κα σύνσοον N; ein Worttrennungsfehler und Änderung des unbekannten σύνσοον. 221, 18 καὶ αἰτίας σαρκὸς τακομένας B WV(=E): καὶ αἱ τᾶς σαρκὸς τακομένας N; αἰτίας auf Grund schlecht erkennbarer Worttrennung oder Ligatur. 222, 12 ἁπλῶς δὲ ἀτόπως B WV: ἁπλῶς δὲ εἰπεῖν· τὸ πῶς N, ἀτόπως wohl auf Grund falscher Worttrennung hergestellt, εἰπεῖν N könnte Zusatz sein. 222, 13 ἄρχεσθαι πέρας B WV: ἀρχὰ δὲ (richtig τε) καὶ πέρας N; τε και wird Ligatur gewesen sein, mit ἀρχα als ἄρχεσθαι verstanden. 223, 16 καθαρότατος AL(=B) WV: καὶ ὀρέοντι (ὀρνύοντι conieci) ὅτε (ὄκα conieci) δεῖ N; der Ahn von BE wird hier einen verstümmelten Text gehabt haben, aus dem καθαρότατος hergestellt ist. 224, 17 ἐκ παλαιᾶς AL WV: ἐκπλαγείσας N (richtig ἐκπλαγέντας); das nur scheinbar sinnvolle ἐκ παλαιᾶς könnte sich aus einer Ligatur erklären.

Eindeutige Majuskelfehler finden sich nicht. Man könnte dazurechnen ἀγός statt ἀῶς in 215, 7 ὅρος τε ὄρφνας καὶ ἀγὸς B^1E: ὅρος τε ὄρφνας καὶ ἀῶς N; der Ahn von BE verstand: (die Erde) Grenze der Nacht und Führer. Daß auch in der Simplikiosüberlieferung neben ἀοῦς ἀγός in A, der fehlerhaften Abschrift einer alten Handschrift auftritt (siehe test. 14e), wird Zufall sein; die Herstellung von ὧρος aus ὅρος ist von Valckenaer gefunden.

Eine Reihe von Sonderfehlern von B vor der Korrektur gegen E, darunter Worttrennungsfehlern, zeigt, daß der Schreiber große Schwierigkeiten hatte, die Vorlage zu lesen und zu verstehen. Sie muß sehr gedrängt geschrieben gewesen sein, mit Ligaturen, in Minuskel, vielleicht um 1100, worauf die Art mancher Fehler führen könnte (nach Vermutung von Dr. Schreiner, Bibliotheca Vaticana). Beispiele für nicht verstandene Ligaturen: 206, 7 τὰ δὲ ὄντα statt τρία δὲ ὄντα; 217, 17 κραῦον statt καὶ αὖον; 219, 19 διδύσει statt διαδύσει; 219, 23 καὶ χυλῶ statt καὶ χυλῶται (so E; κεχόλωται N). Worttrennungsfehler z.B. 207, 23 ὧν τινων συνόρων statt ὡντινωνοῦν ὅρων (so E), Verlesung von ο als σ; 221, 3 καὶ τὰ σφίσιν statt καὶ ταῖς ῥισίν (so E), Verlesung von ρ als φ; 221, 11 δύο μὲν ὧν ὀρήων statt λυομένων δὲ τῶν ἁρμῶν (so E), wegen der falschen Auflösung des ersten Worts ist δε wohl absichtlich weggelassen, die Verlesung von ἁρμῶν erklärt sich am ehesten aus Minuskel (μ∼η). Auffällig bleibt hier wie anderwärts die Nichtberücksichtigung der Akzente, die also in der Vorlage z.T. fehlten oder schwach lesbar waren; so z.B. auch 221, 10 ἄδεκμα statt ἃ δ' ἀκμὰ.

Die meisten dieser Fehler ergeben keinen Sinn. So wird man die Sonderlesart von B 206, 5 (δύο ὦν αἶδε ἀρχαὶ) ἐναντίαι: ἐντὶ ἄν· E ἐντί·ὦν N, richtig ἐντι, ἄν nicht dem Schreiber von B zutrauen, sondern einer Konjektur der Vorlage. Wenn B 206, 8 νόῳ καὶ ἐπιστήμᾳ mit N gegen das bessere νόῳ κατ᾽ ἐπιστάμαν E hat, so wird auch das der Vorlage von B, die wohl von N oder einer verwandten Hs beeinflußt war, zugehören.

Einige Sonderfehler von E werden auf gedrängte Schreibweise der Vorlage, z.T. vielleicht der gleichen wie für B, zurückgehen, so 217, 15 ἀνοσότατα (statt richtig ἀνισότατα B, ἰσότητα falsch N, dies als varia lectio in E darüber gesetzt); 218, 8 ἱδρυμένον (statt ἵδρυται NB E^2), wohl falsche Auflösung einer Ligatur; 221, 14 ἓν δὲ γένος (statt ἓν δ᾽ ὧν γένος NB). Die Umstellung und Interpunktion, die E 206, 11 vornimmt und die stark in den Inhalt eingreift, zeigt, daß E (oder der Vorgänger) mit Überlegung schreibt: πρὶν ὦν ὠρανὸν γενέσθαι, λόγῳ ἤστην E B^2: . . . λόγῳ γενέσθαι . . NB^1 Procl.; die Weltschöpfung wird als wirklich, nicht bloß vorgestellt angenommen.

Auf eine Variante im Ahn von B und E führt 223, 9 ῥυθηγέεσθαι A^1L(=B) WV(=E), richtig ῥυθμίζεσθαι N, es stand also im Ahn von BE ῥυθμίζεσθαι und über dem 2. Teil die Variante ἡγεῖσθαι.

E ist nach N oder seinem Vorgänger durchverglichen worden, teils sind die neuen Lesarten an den Rand als Varianten geschrieben, teils in den Text als Korrekturen; es sind aber nicht alle von E abweichenden Lesarten aus N aufgenommen worden. Beispiele sind 207, 15 μεμόρακται BE (μεμοίρακται Valckenaer wohl richtig), μεμύηται N (unverständlich, wohl aus μέμικται) und als Variante E^2; 216, 12 steht der zusätzliche Satz von N οἷον ὦν συμφωνίαν, ἤ ἐστι τὸ ἡμιτρίγωνον bei E am Rand; 217, 15 ἀνισότατα richtig B, ἀνοσότατα E, darüber als Variante ἰσότητα E^2, das in N im Text steht.

Der *Dialekt* schwankt in den von den Haupthandschriften abhängigen Hss erheblich, es werden auch Dialektformen neu hergestellt. Auch zwischen den Haupthss gibt es viele Abweichungen und auch Schwankungen in ihnen selber. Der Bestand, den die Haupthss bieten, darf nicht als gesichert für die originale Fassung gelten. Frühere Veränderungen, vorwiegend wahrscheinlich zur Einführung nicht dialektmäßiger Formen hin, sind anzunehmen.

Im Allgemeinen scheint sich aber der Dialekt, wie auch der Vergleich mit der indirekten Überlieferung zeigt, relativ gut gehalten zu haben. Ich bringe die Dialektform im Text nur, wenn wenigstens eine der Haupthss sie gibt. M^2 führe ich als Hauptzeugen für nachträgliche Herstellung von Dialektformen im Apparat an.

Die indirekte Überlieferung bei Jamblich, Proklos und Simplikios zeigt, daß der Text des TL in den Hss verhältnismäßig gut überliefert ist. Es gibt wohl nur einen Fall, wo die indirekte Überlieferung gegen die TL-Handschriften NBE das Richtige bietet. Der Dialekt ist, wie zu erwarten, in der indirekten Überlieferung zuweilen vernachlässigt.

§ 6 206, 8-9 (= test. 14 m1). Simplikios bestätigt μηδέπω N gegen μήπω BE. Das Auftreten der Varianten τῷ .... νοῆσθαι BE und διὰ τὸ ... νοῆσθαι N auch in der Simplikiosüberlieferung (siehe zu test. 14 m1) schiebt man ungern dem Zufall zu. Da Simplikios selber im Zitat keine Variante angegeben haben kann, so müßte ein Zweig seiner Überlieferung durch eine alte Variante im TL-Text beeinflußt sein.

§ 7 206, 11-12 (= test. 12d). Proklos stützt die Stellung von NB^1 λόγῳ γενέσθαι gegen γενέσθαι λόγῳ EB^2, die λόγῳ von γενέσθαι trennen und zum Folgenden ziehen will, das heißt die Weltschöpfung als Wirklichkeit verstehen will (gegen Proklos' ausdrückliche Verwendung des TL-Zitats [siehe zu test. 12d]). Hier liegt also ein Eingriff von E oder dessen Vorlage vor, der in B^2 als Korrektur eingeführt ist (vgl. oben S. 57).

§ 15 207, 23-208, 2 (= test. 11a). Hier ist hervorzuheben, daß Jamblich wie die TL-Hss καὶ vor τὰ διαστάματα bietet, das aber nach dem vorhergehenden 'bei drei beliebigen Gliedern' keinen Sinn ergibt; es wird vielmehr erwartet: die Abstände, (nicht: auch die Abstände); das καὶ ist also wohl eine sehr früh in den Text eingedrungene Korruptel.

§ 16 208, 8-10 (= test. 12h). Proklos folgt dem Wortlaut nicht genau, bewahrt aber 8 κινευμένα mit N den Dialekt (κινουμένα BE).

§ 31 215, 7-13 (= test. 12e, 14e, 14f). Das lange Simplikioszitat test. 14e von 7 γᾶ bis 10 σωμάτων und 12 ὥστε — 13 ῥοπᾶς weicht von dem TL-Text der Hss nur an einer Stelle ab, 12 καὶ vor ἐρήρεισται (vgl. zu test. 14e), das einen besseren Zusammenhang herstellt. Hier hat also die indirekte Überlieferung das Richtige. Die Korruptel von ὧρος ('Wächter', Valckenaers treffende Konjektur) zu ὅρος haben die Simplikios- und TL-Handschriften gemeinsam, sie wird vor Simplikios liegen. Über die Variante ἀῶς — ἀγός siehe oben S. 56. Das das vorige Zitat z.T. überschneidende Simplikioszitat 9 πρεσβίστα — 12 ἁ γᾶ (test. 14f) hat in 11 ἤρεμον (alle Simpl.-Hss) statt ἔρημον, eine offenbar alte Korruptel der Simplikiosüberlieferung, 10 steht es mit BE πόκα gegen πόκα γάρ κε N und bestätigt, daß γάρ κε ein Zusatz von N ist.

§ 32, 33 215, 13-17 (= test. 14a), 13-16 (= test. 14b). Auch dies ausgedehnte doppelte Zitat des Simplikios hat nichts Richtiges gegen die TL-Hss. Zu der Variante 15 ἁ γέννασις oder ἀπογέννασις siehe zu test. 14 a+b; daß sie bei den TL-Hss wie bei den Simplikios-Hss auftritt, scheint Zufall zu sein. Im übrigen finden sich in diesen beiden Zitaten wie in denen von § 31 eine Reihe von Abweichungen der Simplikios-Hss untereinander, was zeigt, wie relativ gut die Überlieferung der TL-Hss ist.

Schließlich § 35 216, 18-19 (= test. 14g). Zu der Frage der beiden Komparative siehe zu test. 14g; die TL-Hss scheinen die bessere Überlieferung zu bieten.

Aus der Prüfung der indirekten Überlieferung kann man also keinen genaueren Aufschluß über die Textgeschichte und über das Verhältnis der beiden Zweige der TL-Überlieferung, wie sie N und BE darstellen, erhalten.

Festzustellen, wie weit sich die Überlieferung des Timaios Lokros in die Tradition des Platonismus von Photios bis Bessarion einbeziehen läßt, muß ich Berufeneren überlassen (vgl. Martin Sicherl: Platonismus und Textüberlieferung, in: Jahrb. der Österr. Byz. Gesellschaft, 15, 1966, 201-229).

DIE ÜBERLIEFERUNG DER ZAHLEN, IHRER ERLÄUTERUNGEN UND SCHOLIEN

In einer Reihe von Handschriften stehen die Zahlen § 22, welche die Einteilung der Allseele geben, im Text, in andern am Ende oder unter dem Text und am Ende, mit zugefügten Erläuterungen oder ohne sie, in weiteren mit einer angehängten Scholiengruppe, in anderen fehlen sie. Die komplizierte und kontaminierte Überlieferung weicht hier von der des Textes ab. Diese Zahlen haben ein besonderes Interesse gefunden, aber auch besondere Schwierigkeiten gemacht. Wenn die Überlieferungslage auch sachlich uninteressant ist, da die richtigen Zahlen sich ausrechnen lassen, ist sie für das Verhältnis der Handschriften nicht bedeutungslos.

Die Zahlen mit Differenzzahlen[1]) stehen einmal von Erläuterungen durchsetzt in N im Text. Mit denselben Erläuterungen, doch von ihnen gesondert (die Erläuterungen daher kaum verständlich), stehen sie am Rand oder hinten in E, W und L, mit der zweiten Hälfte der Erläuterungen auch in V, ferner der Abschrift aus W Prag R VI F.a.1 und dessen Abschrift Marc. 517 (doch sind hier die Zahlen durchkorrigiert). Aus L hat Zahlen und Erläuterungen nur dessen Abschrift Laur. 85, 9 übernommen und sie von der späteren Stelle (siehe S. 12) hinter den TL gerückt. Aus V hat dessen Abschrift Par. 1810 die Zahlen allein übernommen (die 29. Zahl ist als ,εφλβ gelesen, in V unsicher, ob so oder mit W [so sicher auch E] richtig ,εωλβ; der gelehrte Schreiber von Par. 1810 hat also die Zahlen nicht nachgerechnet). Die aus Par. 1810 stammenden Hss haben die Zahlen fortgelassen. Aus V hat sonst nur noch Par. s.gr. 635 Zahlen und den 2. Teil der Erläuterungen übernommen, mit eigenen Fehlern. Die andern aus V abgeleiteten Hss haben die Zahlen nicht.

Wichtig ist, daß diese Zahlenreihe (mit Differenzzahlen und) mit den davon getrennten Erläuterungen (vollständig oder nur die 2. Hälfte) aus N kommt, wie gleich nachgewiesen wird.

Das Stemma für diese Zahlenreihe (ohne Erläuterungen) sieht also so aus:

---

[1] Die Differenzzahlen finden sich auch bei Plutarch De an. procr. 1021F. 1022B.

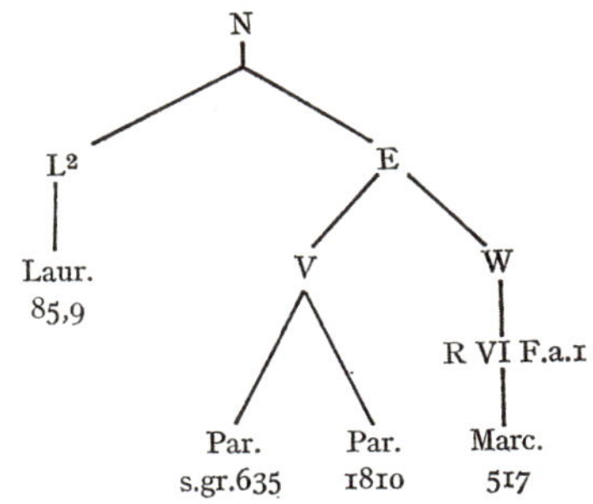

Das Stemma für die abgetrennten Erläuterungen (- - - = nur die 2. Hälfte):

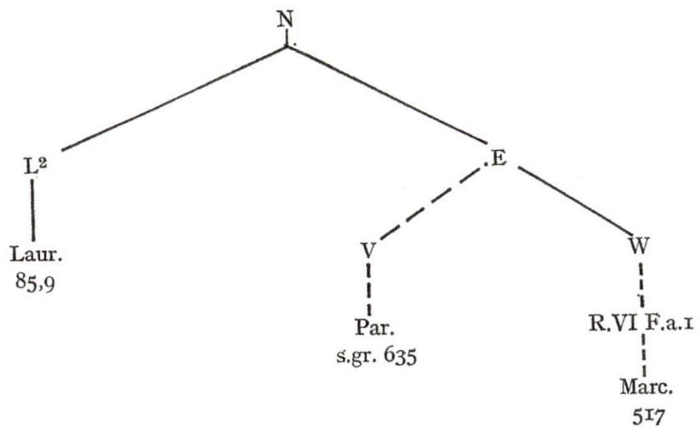

Eine andere Anordnung der Zahlen, ohne Differenzzahlen, geordnet nach den Grundzahlen, zum Teil verbunden mit einer Reihe von Scholien, hat eine andere Verzweigung. Diese bespreche ich unten; sie läßt sich klären, soweit die Scholien sie begleiten. B und seine Abkömmlinge A und Par. 1809 (in L sind sie wie gesagt später zugesetzt aus N) haben die Zahlen nicht, wie auch viele der späteren Hss.

N hat Zahlen wie Erläuterungen fortlaufend, vom andern nicht abgesetzt, im Text, gibt sie also als solchen; die Erläuterungen schließen jeweils an die betreffende Zahl an. Über die Echtheit dieser Erläuterungen und ihren Zustand s. unten S. 71ff. Die Zahlen sind in Kreise eingeschlossen, von 1-36 durchnumeriert; unter jeder Zahl steht eine zweite, welche die Differenz zu der vorigen darstellt. Mit ihrer Hilfe läßt sich das Verhältnis zur vorigen Zahl bestimmen; z.B. 432-384 = 48, 48 ist 1/8 von 384, also 432 9/8 von 384, d.h. einen Ganzton entfernt.

Die gleichen Erläuterungen und Zahlen, voneinander getrennt

und nicht im Text, finden sich in E und von ihm abhängig W, vgl. oben zu E und W.

Daß die Zahlen in W so eigenartig verteilt sind, erklärt sich aus der Vorlage E (vgl. oben S. 20f). Auf E geht auch V zurück (vgl. oben S. 22); V bringt von den Erläuterungen nur das Stück, das in W hinter dem Text in großer Schrift geschrieben ist, nicht das Stück, das in E und danach W am unteren Rand geschrieben ist. Aus W und V ist das in E verlorene Stück der Erläuterungen rekonstruierbar. E kommt in den Zahlen und Erläuterungen aus N, und zwar über ein Zwischenglied, wie das Verhältnis zu L in diesem Stück beweist (s.u.). Die Herkunft von E (in Zahlen und Erläuterungen) aus N wird bewiesen durch eine Auslassung (211, 14) bei der 20. Zahl. In N ist hinter ἁμιόλιος τοῦ die Oberfläche des Papiers zerfressen, es muß dort ιβ′ (3/2 von der 12. Zahl) gestanden haben. In W und V (= E) fehlt das ιβ′ ohne Angabe einer Lücke (ἡμιόλιος τοῦ μέσος δὲ). Alle Abweichungen von E gegen N (in E vorhanden oder aus W und V rekonstruierbar) sind entweder Fehler oder einige wenige Verbesserungen, die sich leicht anbieten (so die richtige Zahl ͵ςϡιβ (WV = E): ͵ςλβ N, 212, 12 an zweiter Stelle; die richtige Zahl geht unmittelbar voraus, ist also leicht an der zweiten Stelle einzusetzen).

L (Laur. 59, 1 vgl. S. 8) beweist, daß E über ein Mittelglied aus N abgeleitet ist. In L sind von einer späteren Hand in 4 Reihen Zahlen und nach ihnen die Erläuterungen am Ende des Quaternios, auf dem TL steht, hinter Plutarchs Epitome zum Timaios, auf 197r und v zugesetzt. L geht teils mit E gegen N, teils mit N gegen E und hat Sonderfehler, steht also neben E als Abschrift aus einem Zwischenglied zu N. Wie E hat es die oben erwähnte Auslassung bei der 20. Zahl, wo in N das Papier zerstört ist, läßt aber eine Lücke frei. Sonderfehler ist z.B. eine Lücke von etwa 60 Buchstaben bei der 23. Zahl (211, 20 ἐπίτριτος τοῦ ις′ bis 21 τοῦ δ′ καὶ τοῦ η′). Von den Gemeinsamkeiten mit E gegen N, die ein Zwischenglied zu N nötig machen, sei genannt die Wortstellung 212, 9 τὸν αὐτὸν λόγον ἔχει: τὸν αὐτὸν ἔχει λόγον N. Dies Zwischenglied von LE und N hat die Erläuterungen aus einem Zusammenhang genommen, wo sie wie in N im Text des TL standen; denn in L steht am Ende der nachgetragenen Erläuterungen der Satz des weiteren Textes τὰν μὲν τῶν ὅλων ψυχὰν ταῦτά πως διεῖλεν = 213, 19, also wie in N. E hat bemerkt, daß dieser Satz in seinem Text des TL steht (wie es auch in L der Fall ist) und hat ihn fortgelassen. Das Zwischenglied zwischen LE und N hat die Zahlen und Erläuterungen aus N zugefügt, und zwar voneinander gesondert, wie der gemeinsame Befund in L und E zeigt. Wahrscheinlich stand bei ihm ein Teil der Erläuterungen am Rand, ein Teil am Ende wie in E; in L ist ja alles später, dann zusammenhängend, an anderer Stelle zugesetzt. Für die Überlieferung von Zahlen und Erläuterungen scheiden L wie E (WV) aus, als Abschriften aus N. Die wenigen Stellen, wo sie das Richtige gegen N haben, sind Konjekturen, die sich leicht einstellen. Daß die Erläuterungen in früheren Ausgaben so wenig beachtet worden sind, liegt daran, daß sie nur in dem damals nicht bekannten N mit den Zahlen verbunden sind.

Ich übergehe einige Sonderfälle und wende mich einer anderen Gruppe zu.

Eine andere Art der Anordnung der Zahlen zeigen eine Reihe jüngerer Handschriften: Die Zahlen sind nach den 7 Grundzahlen der beiden Reihen, also 1, 2, 3, 4, 8, 9, 27 gegliedert, das ergibt je 7, 4, 3, 8, 1, 12, 1 Zahlen (vgl. die Übersetzung S. 125). Es ist sicher, daß auch bei den Zahlen mit den Erläuterungen bei N ursprünglich so abgesetzt war, da nur so die Entstehung der Reihe aus den (bei Platon genannten) Grundzahlen deutlich wird. Sehr wahrscheinlich gilt das auch für die antiken Exemplare. Trotzdem ist es ganz unwahrscheinlich, daß in dieser Anordnung der jüngeren Handschriften eine Überlieferung steckt, da sie zuerst in Handschriften auftritt, deren uns bekannte Vorlagen sie nicht haben, und die im Stemma der Textüberlieferung z.T. weit auseinander liegen. Es muß sich um eine späte gelehrte Bearbeitung der Zahlenreihe handeln, die ja auch sehr nahe liegt. Sie ist an verschiedenen Stellen aufgenommen und über die Aldina zur Vulgata geworden. Diese Zahlenreihe steht in Marc. 186 und den von ihm abhängigen Marc. 184, Marc. 190 (und in der hierin von 186 abhängigen Aldina) und in der auch von ihm abhängigen Reihe Ambr. 409, Ang. 63, Laur. 28, 29, Mon. 237 [1]), sie steht aber auch in dem auf Marc. 185 (V) zurückgehenden Vind. 64 (hier kontaminiert mit der Reihe mit Differenzzahlen; in dem neben Vind. 64 stehenden Matr. 4616 ist diese Gruppierung nicht da, also stand sie im Ahn der beiden, ist aber von Matr. 4616 aufgegeben), und dann in Ashb. 1599.

Das Stemma dieser Zahlenanordnung läßt sich so veranschaulichen:

---

[1] Laur. 4, 33 hat sie weggelassen.

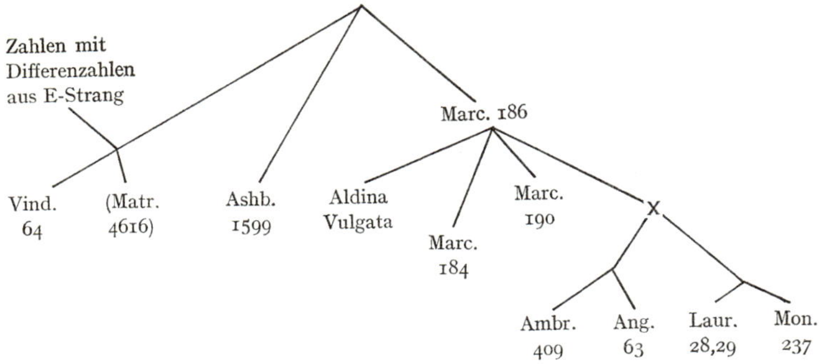

Die Scholienreihe, die einzelne musikalische Verhältnisse erläutert, hat das folgende Stemma:

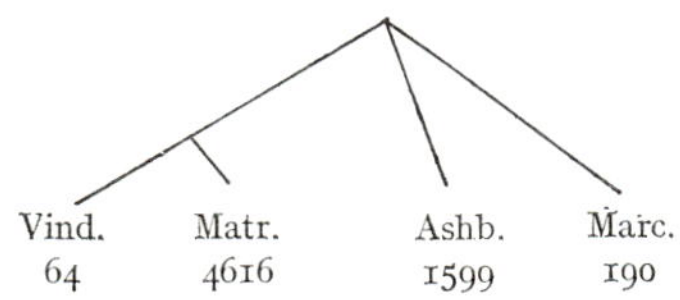

Von Hss dieser Gruppe abhängig steht ein Teil der Scholien auch in der Gruppe x des vorigen Stemmas. Da sie in dem Ahn dieser Gruppe Marc. 186 nicht stehen, werden sie in der gemeinsamen Vorlage x dazugekommen sein.

In Vind. 64 und Ashb. 1599 (beide 15. Jh.) zeigt der Befund, daß die Zahlen mit Scholien später zugesetzt sind (freier Platz). In Ashb. 1599 und Marc. 190 sind die Zahlen durchnumeriert, und zwar von 1-34; zwei Zahlen, 2187 und 6561 sind als ἀποτομή nicht mitgezählt, sind auch über die Zahlenreihe gesetzt. Das geht mit einem Satz des Scholions g (siehe unten) zusammen, der nur in diesen beiden Hss steht, am Ende des Begriffs Apoteme: (die zweimal im Diagramm vorkommt) "und die Zahlen auf insgesamt 36 bringt. Das Diagramm ist jedoch ausreichend auch ohne die Apotomai mit 34 Zahlen". Hier ist also die antike Streitfrage aufgenommen, ob bei Platon eine Reihe von 34 oder 36 Zahlen anzusetzen ist. Proklos ist in seinem Timaioskommentar für die Reihe aus 34 Gliedern (test. 12g); darauf bezieht sich aller Wahrscheinlichkeit nach dies Scholion. Das widerspricht aber dem Text des TL, wo § 21 36 Glieder angegeben sind. Nun haben Matr. 4616 und Vind. 64, die eine gemeinsame Vorlage haben (vgl. S. 28), auch die

Scholien von Ashb. 1599 und Marc. 190, aber eine andere Zahlenreihe, nämlich die 36 Zahlen mit Differenzzahlen und dazu die Tonschritte in Überschriften über jeder Zahl, diese aber nicht durchgezählt. Hier ist also eine Kontamination erfolgt, und da bei beiden die 21. Zahl falsch 2792 statt 2592 lautet, mit EW, müssen diese Zahlen auf E oder einen Abkömmling von ihm zurückgehen. Entsprechend den 36 gleichgeordneten Zahlen fehlt auch der oben zitierte Satz am Ende der Erklärung der Apotome, das heißt mit aller Wahrscheinlichkeit, er ist gestrichen. Denn das Gesamtscholion läßt sich aus den vier Handschriften Ashb. 1599, Marc. 190, Matrit. 4616 + Vind. 64 vollständig rekonstruieren, und in ihm war eben für die 34er Reihe gesprochen. Das Scholion setzt sich aus Erläuterungen von Begriffen der Tonleiter zusammen. Reihenfolge und Anzahl sind in den 4 Handschriften nicht ganz gleich. Ich verzichte hier auf den genauen Vergleich des Einzelbestandes; er ergibt jedenfalls, daß Ashb. 1599, Marc. 190 und die Vorlage von Matr. 4616 und Vind. 64 nebeneinander auf die gleiche Vorlage zurückgehen (jede hat eigene Lücken), in der die Erklärungen so angeordnet waren, daß keine eindeutige Reihenfolge vorlag, weshalb sie in den Abkömmlingen variiert.

Der Text des gesamten Scholions lautet (ohne die Abweichungen der einzelnen Hss):

a) ὁ ἐπίτριτος λόγος συμπληροῦται διὰ τεσσάρων ὅρων ἤγουν δύο τόνων ἤτοι ἐπογδόων καὶ λείμματος.
b) ὁ ἡμιόλιος διὰ πέντε· τριῶν τόνων καὶ λείμματος.
c) ὁ διπλάσιος δι' ὀκτώ· πέντε τόνων καὶ δύο λειμμάτων.
d) ὁ τριπλάσιος διὰ ιε', ὀκτὼ τόνων καὶ τριῶν λειμμάτων.
c) ὁ τετραπλάσιος διὰ ιε', δέκα μὲν τόνων, τεσσάρων δὲ λειμμάτων.
f) τὸ λεῖμμα ἡμιτονίου ἔλλατον· ἡ δὲ δίεσις μεῖζον ἡμιτονίου.
g) ἀποτομή ἐστιν ὑπεροχὴ τοῦ τόνου ἤτοι ἐπογδόου παρὰ τὸ λεῖμμα ἥτις συμβαίνει τριῶν τόνων ἐφεξῆς ληφθέντων. ἐπεὶ δὲ τὸ λεῖμμα μετὰ δύο τόνους, ἡ ὑπεροχὴ τοῦ τρίτου τόνου παρὰ τὸ λεῖμμα ἡ ἀποτομή ἐστι, δὶς ἐν τούτῳ ὅλῳ τῷ διαγράμματι συμβαίνουσα καὶ τοὺς πάντας ὅρους λς' ποιοῦσα· τὸ μέντοι διάγραμμα ἱκανῶς ἔχει καὶ ἄνευ τῶν ἀποτομῶν ἐν τοῖς λδ' ὅροις.
h) τριπλασιάσας οὖν [1]) αὐτὸν τὸν ξδ' ποιῶ τὸν ρϙβ'· οὗ ἐπίτριτος μέν ἐστιν ὁ σνς', ἐπόγδοος δὲ ὁ σις'· καὶ τούτου ἐπόγδοος ὁ σμγ'· ὁ ἄρα τοῦ λείμματος λόγος ἐστὶν ὁ μετὰ τὴν ἀφαίρεσιν τῶν δύο ἐπογδόων

[1] Hier muß ursprünglich noch etwas vorausgegangen sein.

λειπόμενος τοῦ σμγ′ πρὸς τὸν σνς′. [ἀπὸ παντὸς ἐπιτρίτου δύο ἐπογδόων ἀφαιρεθέντων καταλείπεται ὁ τοῦ λείμματος λόγος.] In Klammern Doppelfassung,

	ἐπόγδοος	ἐπόγδοος	λεῖμμα
ρϙβ	σις	σμγ	σνς

ἐπίτριτος

Die Scholien bleiben bei allgemeiner Erklärung musikalischer Verhältnisse und erläutern nicht die Zahlenreihe, im Unterschied zu den Erläuterungen bei N. Da diese Zahlenreihe erst in Hss des 15. Jh. auftaucht, die Verbindung zu den Scholien wohl ursprünglich ist und die 34er Reihe, die durch die Kombination Scholion und Zahlenreihe hier gesichert ist, nicht TL sein kann, spricht nichts dafür, daß hier alte handschriftliche Überlieferung vorliegt, vielmehr wird die Zahlenreihe aufgrund der in N überlieferten Zahlen hergestellt sein; die Sonderstellung der beiden Apotomai wird auf Grund der Kenntnis von Proklos' Polemik vorgenommen sein. Möglich ist, daß ein altes Scholion über die Bewertung der Apotomai in unserem g-Scholion aufgenommen ist und den Anstoß zur Konstruktion dieser Reihe gegeben hat.

DIE ZAHLEN UND IHRE ERLÄUTERUNG

Daß TL eine Zahlenreihe mit 36 Gliedern gegeben hat, ist eindeutig. In § 21 ist die Zahl 36 genannt: es *müssen* 36 Glieder sein (cf. test. 9; Nikomachos hält die Reihe, die er bei TL vorfindet, für die von Pythagoras selber gewollte). Hier scheint auf eine Diskussion Bezug genommen zu sein, die auch eine andere Zahl für möglich hält. Aller Wahrscheinlichkeit nach wird vor allem die Zahl 34 hier abgelehnt, die dann Proklos in seinem Kommentar zum Timaios wieder energisch vertritt.

Platon nennt Tim. 36b 2-5 bei der Aufteilung der Reihen 1 2 4 8, 1 3 9 27 durch das harmonische und arithmetische Mittel zwischen den einzelnen Gliedern in $\frac{4}{3}$ und $\frac{3}{2}$ (Quart und Quint) und der dann genannten Aufteilung der Quarten in Ganztöne ($\frac{9}{8}$) [1]) als verbleibenden Rest $\frac{256}{243}$; das ist der kleinere Halbton (Leimma). Er nennt (und kennt?) also nicht den größeren Halbton (Apotome), der den kleineren zu einem Ganzton ergänzt, mit dem Verhältnis $\frac{2187}{2048}$. Wenn nur Ganztöne und kleinere Halbtöne angesetzt werden, ergeben sich 34 Glieder.

Bei TL sind es 36 Glieder; die beiden zusätzlichen Glieder sind zwei größere Halbtöne, Apotomai. Solche größeren Halbtöne sind bei TL in der Handschrift N an zwei Stellen angesetzt, zwischen 18. und 19. Glied, das den Ganzton zwischen 17. und 19. (oder 18. und 20.) Glied in einen kleineren und einen größeren Halbton unterteilt, und zwischen 30. und 31. Glied, das den Ganzton zwischen 29. und 31. (oder 30. und 32.) Glied in die gleiche Folge unterteilt. Es entsteht so an beiden Stellen die Folge Ganzton — kleinerer Halbton — größerer Halbton — kleinerer Halbton — Ganzton. Würde das 18. oder 19. Glied, bzw. das 30. oder 31. fehlen, so wäre ein Ganzton und ein kleinerer Halbton vorhanden.

Warum hat die bei TL vorliegende Reihe die Teilung eines Ganztons mit dem größeren und kleineren Halbton an diesen beiden Stellen und nur an diesen vorgenommen? An sich könnte eine solche Aufteilung auch an anderen Stellen vorgenommen werden.

---

[1] Zu der heiklen Frage, warum bei Platon nur die Auflösung der Quarten, nicht die der Quinten genannt ist, vgl. B. Kytzler, Die Weltseele und der musikalische Raum, Hermes 87, 1959, 393ff.

Beim 18. und 19. Glied liegt es so: In der Zweierreihe ergibt die Einteilung zwischen 4 und 8 durch die beiden Mittel $4\ \frac{16}{3}\ 6\ 8$; in der Dreierreihe $3\ \frac{9}{2}\ 6\ 9$. In der Zweierreihe sind die Abstände dieser Glieder $\frac{4}{3}\ \frac{9}{8}\ \frac{4}{3}$, in der Dreierreihe $\frac{3}{2}\ \frac{4}{3}\ \frac{3}{2}$. Löse ich in der Dreierreihe die $\frac{3}{2}$ (Quinten) in $\frac{4}{3} + \frac{9}{8}$ (Quart und Ganzton) auf, da Platon nur von einer Auflösung der $\frac{4}{3}$ in $\frac{9}{8}$ spricht, von vorne beginnend, so erhalte ich die Folge $3\ 4\ \frac{9}{2}\ 6\ 8\ 9$. Löse ich nun alle $\frac{4}{3}$ von vorn vorgehend in Ganztöne $(\frac{9}{8})$ auf, so ergibt die Zweierreihe

$$4\ \frac{9}{2}\ \frac{9\cdot9}{2\cdot8}\ \lambda\ \frac{16}{3} \qquad 6\ \frac{27}{4}\ \frac{27\cdot9}{4\cdot8}\ 8$$

die Dreierreihe

$$4\ \frac{9}{2}\ \frac{9\cdot9}{2\cdot8} \qquad \frac{9\cdot9\cdot9}{2\cdot8\cdot8}\ \lambda\ 6\ \frac{27}{4}\ \frac{27\cdot9}{4\cdot8}\ 8\ 9$$

Vor der 6 ergibt sich also eine Diskrepanz. Es ist die einzige zwischen der Zweierreihe und der Dreierreihe, soweit die Zweierreihe reicht, also bis 8. Setze ich die beiden abweichenden Glieder in die aus Zweier- und Dreierreihe kombinierte Reihe ein, so erhalte ich die Folge

Ton

Ton

$$\frac{9\cdot9}{2\cdot8}\ \lambda\ \frac{16}{3}\ \text{ἀπ.}\ \frac{9\cdot9\cdot9}{2\cdot8\cdot8}\ \lambda\ 6.$$

Hier besteht die Folge: kleinerer Halbton, größerer Halbton, kleinerer Halbton. Die Einsetzung dieser Folge und damit des größeren Halbtons ergibt sich also aus der Kombination der Zweierreihe und der Dreierreihe mit getrennter Auflösung (der $\frac{4}{3}$ in $\frac{9}{8}$).

Anders liegt es bei der zweiten Stelle, weil die Zweierreihe nicht soweit reicht. Die Auflösung der Quart zwischen $\frac{27}{2}$ und 18 in der Dreierreihe ergibt die Folge $\frac{27}{2}\ \frac{27\cdot9}{2\cdot8}\ \frac{27\cdot9\cdot9}{2\cdot8\cdot8}\ \lambda\ 18$, d.h. Ganzton, Ganzton, kleinerer Halbton. Setze ich die Zweierreihe um eine weitere Stufe fort, von 8 bis 16, und unterteile ich sie mit den beiden Mitteln und löse diese Glieder durch Ganztöne auf, so ergeben sich zwei Diskrepanzen mit der Dreierreihe, einmal vor 18:

in der Zweierreihe	$\frac{27\cdot9}{2\cdot8}$	λ 16		18
in der Dreierreihe	$\frac{27\cdot9}{2\cdot8}$		$\frac{27\cdot9\cdot9}{2\cdot8\cdot8}$	λ 18
kombiniert	$\frac{27\cdot9}{2\cdot8}$	λ 16 ἀπ.	$\frac{27\cdot9\cdot9}{2\cdot8\cdot8}$	λ 18

Hier ist wieder die Folge: kleinerer Halbton, größerer Halbton, kleinerer Halbton. Die zweite Diskrepanz und die gleiche Folge ergibt sich aber auch an einer früheren Stelle, vor der 12, was hier nicht ausgeführt zu werden braucht. Nur die erstgenannte

Diskrepanz ist aber bei TL berücksichtigt, nicht diese frühere zweite. Der Grund ist, daß die 16 gebraucht wird, weil diese Zahl die 4. Oktave markiert und abschließt. Mit der Einteilung nach der Dreierreihe würde keine vierte Oktave zustande kommen. Die Einteilung der Dreierreihe von vorn ist aber auch belassen; so tritt die Folge größerer Halbton zwischen zwei kleineren auf. Man kann auch, ohne die Verlängerung der Zweierreihe heranzuziehen, sagen, die Ganztöne sind nach der Dreierreihe von vorn eingeteilt, von der 18 aus ist aber auch ein Ganzton rückwärts abgeteilt, eben um die 16 als Oktavenende zu erhalten (die 4 Oktaven 1-2, 2-4, 4-8, 8-16). Die Zahl 36 ergibt sich also aus der mathematischen Prozedur und der Einteilung in Oktaven. Sie ist nicht primär wegen ihrer pythagoreischen Bedeutung gesucht, wie Taylor (S. 143) meinte; allerdings mag sie als Resultat aus diesem Grund willkommen gewesen sein. Die Einteilung der bei TL überlieferten Zahlen ist rein mathematisch, ohne Rücksicht auf musikalische Tonleitern vorgenommen.

Auch Proklos' Argument (in Tim. 2, 188, 9-29), man setze die beiden zusätzlichen Glieder mit der Einteilung eines Ganztons in die beiden Halbtöne für die platonische Reihe ein, weil man auch die Apotome vorliegen haben wolle, stimmt nicht, weil nicht erklärt wird, warum gerade an diesen beiden Stellen und nur hier diese Einteilung auftaucht. Sein Argument, man wolle volle Übereinstimmung mit TL, setzt voraus, daß es eine solche Begründung gab, ist aber umzukehren: die 36er Reihe wurde bei TL eben aus der Diskussion der Reihe des Timaios angesetzt, aus den obengenannten Gründen.

Die Grundzahl 384 bei TL ist zuerst von Krantor, dann Eudoros angesetzt worden (Plut. Procr. 16. 1020 C), von TL daher übernommen. Sie ergibt sich mit Notwendigkeit, wenn die Auflösung in Ganztöne ($\frac{9}{8}$) so vorgenommen wird, daß nach der Unterteilung durch die beiden Mittel die Quinten ($\frac{3}{2}$) in Quarten und Ganztöne ($\frac{4}{3} + \frac{9}{8}$) aufgelöst werden (worüber Platons Text schweigt), also z.B. die erste Quint $1 \frac{3}{2}$ in $1 \frac{4}{3} \frac{3}{2}$ (Quart + Ganzton), dann alle Quarten in Ganztöne, jeweils von vorn. Es ergibt sich dann als größte Zahl in den Nennern $2 \cdot 8 \cdot 8 = 128$; außerdem ist 3 vorhanden, die Auflösung der Brüche kann also mit 384 erfolgen. Zu bemerken ist, daß $2 \cdot 8 \cdot 8$ an drei Stellen auftaucht: vor den beiden bei der Apotome oben behandelten Stellen der Zahlen 6 und 18; in diesen beiden Fällen kann ich den Nenner $2 \cdot 8 \cdot 8$ wegbringen, indem ich den

Ganztonschritt von 6 und 18 rückwärts lege (mit der Zweierreihe) zu $\frac{16}{3}$ und 16; dann käme man mit der halben Grundzahl 192 zurecht. Das geht aber nicht an der dritten Stelle, vor der 2: $\frac{3 \cdot 9 \cdot 9}{2 \cdot 8 \cdot 8}$ λ 2; lege ich hier den Ganzton von der 2 rückwärts, $\frac{16}{9}$ 2, so erhalte ich 9 im Nenner, müßte als Grundzahl also eine noch größere Zahl als 384 wählen. Wenn Plutarch (a.a.O.) 192 als Grundzahl ansetzt, wohl um zwischen 3. und 4. Glied das von Platon genannte Verhältnis des kleineren Halbtons 256:243 einfach ablesbar zu erhalten, so muß er übersehen haben, daß sich dann bei dem 7. Glied $\frac{3 \cdot 9 \cdot 9}{2 \cdot 8 \cdot 8}$ keine Ganzzahl ergibt.

Die Zahlenreihe mit 36 Gliedern hat im Zusammenhang des Textes des TL gestanden. Das ergibt sich 1. aus dem Satz § 22 ταὶ δὲ διαιρέσιες αὗταί ἐντι, der einführend sein muß, nicht rückbezüglich, da vorher die Einteilung nur angedeutet ist; 2. aus dem Vorverweis auf die Proportionen § 19: "die folgenden Proportionen sind alle nach harmonischen Zahlen gemischt; diese Proportionen legte er nach den Teilen auseinander . . ."; 3. aus dem abschließenden Satz § 22/23 τὰν μὲν ὦν τῶ ὅλω ψυχὰν ταύτᾳ πως διεῖλε. Die Zeugnisse bestätigen das Vorhandensein der Zahlenreihe. Nikomachos Geras. (test. 9) will die Einteilung des pythagoreischen Kanon genau vorlegen, wie der Lokrer Timaios, bis zum 27-fachen; er las die Reihe also bei TL. Proklos In Tim. (test. 12g) nennt die beiden Endzahlen des Diagramms bei TL 384 und 10368, hat also die Zahl 10368 der Zahlenreihe entnommen. Wenn in B und E die Zahlen nicht im Text stehen, so müssen sie in einer Handschrift, auf die ihre gemeinsame Vorlage zurückgeht (kaum dieser selbst) weggelassen sein, wohl weil sie zu schwer zu verstehen waren. Daß die in N überlieferten Zahlen die des TL sind und nicht nachträglich rekonstruiert, ist so gut wie sicher dadurch, daß die bei TL vorher genannte Gesamtsumme 114695 mit den Zahlen übereinstimmt. Proklos In Tim. 2, 188, 9ff D. lehnt die Einführung von zwei größeren Halbtönen bei Platons Reihe ab, obwohl sie bei TL ständen. Bei der Erklärung dieser größeren Halbtöne 2, 189, 7ff D. handelt es sich um die bei TL auftretenden Apotomai, die er im TL und in Platonkommentaren vorfand (2, 188, 14 ff D.: man habe sie bei Platon wegen der Übereinstimmung mit TL angesetzt; er durchschaut nicht die sachlichen Gründe, warum die beiden Apotomai ausgeführt sind, siehe vorige S.). Die von Proklos genannte Gesamtzahl 105947 (2, 236, 9-11 D.) ergibt sich, wenn die 19. und 31. Stelle bei TL weggelassen werden (nicht die 18. und 30., was auch möglich wäre; wäre aber das 30. Glied weggelassen, so fehlte die Abteilung der vierten Oktave), die andern Glieder aber mit TL identisch sind. In den in den Prokloshss gegebenen Zahlen für die Glieder herrscht einige Verwirrung, aber die Aufzählung 2, 185, 7-187, 8 D. stimmt mit TL überein (die Ergänzungen von Diehl sind irrtümlich). Proklos' Gesamtsumme kommt also zustande, wenn 2187 und 6561, zusammen 8748, von der Gesamtsumme bei TL 114695 abgezogen werden. Es ist wahrscheinlich, daß Proklos für die Ansetzung seiner Gesamtsumme so vorgegangen ist; denn die Nennung einer doch belanglosen Gesamtsumme bleibt auffällig. Aber er kann die Summe auch neu zusammengezählt haben, indem er die beiden Glieder 19 und 31 bei TL wegließ. Jedenfalls entspricht die Gesamtsumme bei Proklos der des TL und bestätigt damit, daß auch seine Zahlenreihe der des TL (bis auf die beiden fehlenden Glieder) entspricht und die in N überlieferten Zahlen des TL aller Wahrscheinlichkeit nach Proklos vorliegende Überlieferung sind. Sie ergeben sich auch auf einfache Weise, wenn die in der Dreierreihe auftretenden $\frac{3}{2}$ in $\frac{4}{3}$ und $\frac{9}{8}$ aufgelöst werden, dann in beiden Reihen von vorn alle $\frac{4}{3}$ in $\frac{9}{8}$; die beiden Sonderfälle mit dem größeren Halbton sind oben besprochen. Die Vorlage, aus der TL diese Einteilung übernahm, ist wie gesagt rein mathematisch vorgegangen, ohne Berücksichtigung von praktisch vorkommenden musikalischen Tonfolgen; mit einer gewissen Inkonsequenz nur bei dem Ansetzen des Endes der 4. Oktave.

Dieser Reihe sieht man die musikalischen Proportionen nicht an, man findet sie erst durch Nachrechnen. Die Frage ist, ob die Erläuterungen, welche in N im Text jeweils hinter den Zahlen stehen und Hinweise auf die Proportionen geben, dem Text des TL zuzurechnen oder spätere Zufügung sind. Diese Frage ist schwer zu entscheiden.

Dafür, daß die Erläuterungen zum Text des TL gehören, spricht: 1. Die Schreibweise von N; N ist der einzige Zeuge für die Zahlen. 2. In § 19 ist auf die musikalischen Proportionen hingewiesen und zugesetzt: "Diese Proportionen hat er nach den Teilen getrennt aufgestellt zur wissenschaftlichen Erkenntnis, damit man nicht im Unklaren ist, aus welchen Teilen (= Zahlen) und durch welche Verhältnisse die Seele zusammengesetzt ist." Da die Proportionen der Zahlen nicht ohne weiteres durchschaubar sind, wäre ohne Erläuterungen die wissenschaftliche Erkenntnis insoweit nicht ge-

Zur Übersicht über die Konstruktion der Reihe der Ganzzahlen aus den Brüchen setze ich die Zahlen nocheinmal hierher, zur Bequemlichkeit des Benutzers, nach Oktaven abgesetzt, die Grundzahlen herausgehoben ($\frac{9}{8}$ = Ganzton, λ = Leimma = $\frac{256}{243}$, ἀπ. = Apotome = $\frac{2187}{2048}$).

1. Oktave	1.	2.	3.	4.	5.	6.	7.
	384	432	486	512	576	648	729
	1	$\frac{9}{8}$	$\frac{9\cdot 9}{8\cdot 8}$	$\frac{4}{3}$	$\frac{3}{2}$	$\frac{3\cdot 9}{2\cdot 8}$	$\frac{3\cdot 9\cdot 9}{2\cdot 8\cdot 8}$
	$\frac{9}{8}$	$\frac{9}{8}$	λ	$\frac{9}{8}$	$\frac{9}{8}$	$\frac{9}{8}$	λ

2. Oktave	8.	9.	10.	11.	12.	13.	14.
	768	864	972	1024	1152	1296	1458
	2	$\frac{9}{4}$	$\frac{9\cdot 9}{4\cdot 8}$	$\frac{8}{3}$	**3**	$\frac{3\cdot 9}{8}$	$\frac{3\cdot 9\cdot 9}{8\cdot 8}$
	$\frac{9}{8}$	$\frac{9}{8}$	λ	$\frac{9}{8}$	$\frac{9}{8}$	$\frac{9}{8}$	λ

3. Oktave	15.	16.	17.	18.	19.	20.	21.	22.
	1536	1728	1944	2048	2187	2306	2592	2916
	4	$\frac{9}{8}$	$\frac{9\cdot 9}{2\cdot 8}$	$\frac{16}{3}$	$\frac{9\cdot 9\cdot 9}{2\cdot 8\cdot 8}$	6	$\frac{6.9}{8}$	$\frac{6\cdot 9\cdot 9}{8\cdot 8}$
	$\frac{9}{8}$	$\frac{9}{8}$	λ	ἀπ.	λ	$\frac{9}{8}$	$\frac{9}{8}$	λ

4. Oktave	23.	24.	25.	26.	27.	28.	29.
	3072	3456	3888	4374	4608	5184	5832
	8	**9**	$\frac{9\cdot 9}{8}$	$\frac{9\cdot 9\cdot 9}{8\cdot 8}$	12	$\frac{12\cdot 9}{8}$	$\frac{12\cdot 9\cdot 9}{8\cdot 8}$
	$\frac{9}{8}$	$\frac{9}{8}$	$\frac{9}{8}$	λ	$\frac{9}{8}$	$\frac{9}{8}$	λ

	30.	31.	32.	33.	34.	35.	36.
	6144	6561	6912	7776	8748	9216	10368
	16	$\frac{12\cdot 9\cdot 9\cdot 9}{8\cdot 8\cdot 8}$	18	$\frac{18\cdot 9}{8}$	$\frac{18\cdot 9\cdot 9}{8\cdot 8}$	24	**27**
	ἀπ.	λ	$\frac{9}{8}$	$\frac{9}{8}$	λ	$\frac{9}{8}$	

$\frac{3}{2}$ = Quint Ganzton

nauer vorgeführt. Der Autor begnügte sich mit der Versicherung und überließe das Weitere dem Leser. Die Erläuterungen dagegen geben zahlreiche Hinweise auf die Proportionen. 3. Der Text erhebt gewisse stilistische Ansprüche. Er variiert im Ausdruck. Er erläutert die Zahlenreihe fortlaufend, bildet zusammen ein gewisses Ganzes. 4. Der Dialekt, der allerdings nur schwach ist. Die Erklärung für die schwache Dialektfärbung könnte sein, daß der Dialekt bei dem Interesse, das man an den Zahlen nahm, um der Verständlichkeit willen abgeschwächt worden ist.

Gegen Zugehörigkeit zum ursprünglichen Text spricht: 1. Die Breite, die die Zahlenpartie als Ganzes durch diese, an sich kurz gehaltenen, Erläuterungen bekommt. Das Stück fällt damit stark aus dem sonstigen Streben nach Kürze heraus. Die Erläuterung der Dreiecke § 33 ist in der Ausführlichkeit vergleichbar, als Ganzes aber doch nur kurz. Auffällig sind besonders die zahlreichen Rückverweise auf früher erwähnte Verhältnisse bei Nennung von Gliedern, die schon vorgekommen sind. Die breiteste Wiederholung findet sich beim 23. Glied für das 20. (Quint, Quart, Ganzton, zweifaches arithmetisches Mittel); man erwartet bei dem Autor des TL diese Art von Breite, die nichts Neues beibringt, nicht. Ein System läßt sich übrigens in diesen Rückverweisungen nicht finden. 2. An den meisten Stellen ist die Stilisierung nur schwach, so im zusammenfassenden Schlußabschnitt; vom Autor des TL würde man etwas mehr erwarten, auch noch mehr Variation in den Formulierungen, nicht nur diese meist fachlich trockenen Aufzählungen. 3. Die Schwäche der Dialektfärbung. Der jetzige Bestand an Dialekt könnte auch durch gelehrte Abschreiber hereingekommen sein, die die Erläuterungen im Text fanden und an die Umgebung angleichen wollten oder unbewußt anglichen. In den Abschriften der Erläuterungen aus N ist auch hier und da ein Mehr an Dialekt zu finden. Der Dialekt könnte aber auch schon von dem Verfasser der Erläuterungen aus der Absicht, das Stück in den Text einzufügen, also seinerseits zu fälschen, herrühren. 4. Proklos erwähnt bei seiner ausführlichen Behandlung der Zahlen, auch der Apotome (besonders 2, 188, 9-190, 7 D.), keine Erläuterungen des TL; allerdings besteht auch kein besonderer Anlaß. 5. Die Erläuterungen berühren sich in vielem mit dem bei Proklos Gegebenen; seine Benutzung ist gut möglich. Doch können die Berührungen an der Sache liegen. Ein sachverständiger Verfasser ist anzusetzen. 6. Das Fortfallen der Zahlen in dem Ahn von BE scheint eher verständlich, wenn dieser keine Erläuterungen bei den Zahlen im Text fand.[1])

Ich neige nun doch, abweichend von meiner Meinung in der Ausgabe bei H. Thesleff, mehr dazu anzunehmen, daß die Erläuterungen in ihrer jetzigen Form nicht vom Autor des TL stammen, sondern entweder ganz von einem gelehrten Interpreten des TL zugefügt sind, der wahrscheinlich mit Hilfe des Proklos und aus eigener Analyse diese Hilfen zugegeben hat, um die Zahlenreihe zu erläutern. Wahrscheinlicher ist mir, daß er einige kürzere Hinweise, so auf die beiden Mittel Quint, Quart und die kleinen und die beiden größeren Halbtöne, und die zusammenfassende Analyse der Reihe im Text des TL bei den Zahlen vorfand und das ausbaute. Wie dem auch sei: die Erläuterungen waren nie als bloße Einzelscholien gedacht, sondern als zusammenhängender Text in Verbindung mit den Zahlen. Entweder wollte — wenn sie nicht TL sein sollten — der Verfasser sie in den Text setzen, also als TL ausgeben, oder er setzte sie darunter und sie gerieten nachträglich in den Text. Ich setze die Erläuterungen hinter die reinen Zahlen.

Die Erläuterungen bringen nichts über die Konstruktion der Reihe, für die Platon das Wichtigste in Andeutungen gibt. Es wird nicht erklärt, warum die Reihe bis zum 27fachen geht; daß das in § 21 erwähnte Doppelte und Dreifache die beiden Reihen 1-8 und 1-27 umfaßt; daß die § 21 genannten Auffüllungen durch das harmonische und arithmetische Mittel vorgenommen werden (Proklos 2, 178, 14ff D. nennt alle Mittel der Reihe nach); daß die dabei entstehenden $\frac{3}{2}$ in $\frac{4}{3}$ und $\frac{9}{8}$ aufgelöst werden, dann alle $\frac{4}{3}$ in $\frac{9}{8}$. Vielmehr wird die Reihe vorausgesetzt und die Glieder werden nach ihren Beziehungen erläutert. Dabei werden alle Mittel erwähnt (zwei Lücken in N, nach dem Zusammenhang der Erläuterungen anzusetzen). Bei den Quarten scheint das System zu sein, daß nur die vermerkt werden, die bei der Unterteilung der Zweier- und Dreierreihe durch die beiden Mittel auftreten (Ausnahme: 2 als Quart zu $\frac{3}{2}$ fehlt, in Ganzzahlen: 768 als $\frac{4}{3}$ von 576). Bei den Quinten läßt sich kein System der Auswahl erkennen. Ganzton und kleinerer Halbton werden nur bei der Behandlung der 1. Apotome erwähnt. Die Verweise auf das Vielfache, auch Diastema genannt, also die Grundzahlen 1, 2, 3, 4, 8, 9, 27 setzen voraus, daß diese mit dem Auge leicht aufzufinden waren, also eine entsprechende Anordnung in der Schreibung bestand (z.B. beim 32. Glied: das

[1] [Korr. Zusatz: Zur Echtheit vgl. M. Baltes S. 79ff.]

28. Glied war harmonisches Mittel von den letzten Grundabständen, ἁρμονικὸς τῶν τελευταίων διαστημάτων; d.h., in Brüchen, $\frac{27}{2}$ ist harmonisches Mittel von 9 und 27, diese beiden Zahlen [3456 und 10368] müssen also so angeordnet gewesen sein, daß sie leicht als Grundzahlen auffindbar waren). Das heißt, die Zahlenreihen begannen stets mit einem Grundabstand.

Wenn die Zahlen allein, vielleicht mit Angabe der Halbtöne und einigen weiteren Hinweisen, im Text des TL standen, werden sie auch eine solche Anordnung gehabt haben, daß das Vielfache leicht ablesbar war. So würde auch die Bemerkung von § 21 unterstützt, daß das Doppelte und Dreifache leicht zu berechnen ist, wenn der erste Teil (384) feststeht. Es ergibt sich dann eine Ordnung, wie sie auch die Vulgata (freilich mit 34 Gliedern, nach Proklos, die beiden Apotomai zugesetzt, aber nicht mitgezählt) konstruiert hat. Am Anfang jeder Reihe stehen die Grundabstände, das Vielfache und die kleinen Halbtöne stehen dann untereinander. Wenn die Halbtonschritte etwa mit λ (Leimma) und ἀπ. (Apotome) bezeichnet waren, waren alle andern Abstände als Ganztöne kenntlich. Die Oktavabstände sind dann bei den ersten drei Oktaven durch das Vielfache ablesbar, bei der 4. Oktave (dem 30. Glied) wird der Absatz markiert gewesen sein. Die Differenzzahlen, die in N unter jeder Zahl die Differenz zur vorigen Zahl angeben, werden auch schon im Diagramm des TL gestanden haben; man sieht keinen Anlaß, daß sie erst mit den Erläuterungen (die sie nicht benutzen) zugefügt sind. Sie dienen der Kontrolle, weisen darüber hinaus auf das Verhältnis der Zahlen. Die Differenz bei Ganztönen ist jeweils $\frac{1}{8}$ der Vorzahl und $\frac{1}{9}$ der Zahl, d.h. 9 mal Differenzzahl ergibt jeweils die neue Zahl ($\frac{9}{8}$ der vorigen). So ist 48 die Differenz von 384 zu 432, $\frac{1}{8}$ von 384, $\frac{1}{9}$ von 432, 9 mal 48 = 432; also kann man hier an der Differenzzahl relativ leicht erkennen, daß es sich um einen Ganztonschritt handelt; bei den größeren Zahlen wird das freilich noch unübersichtlicher. Vom 9fachen bis zum 27fachen wiederholen sich demgemäß bei den Differenzzahlen in den Ganztonschritten die Zahlen von 1 bis zum Dreifachen (384-1152). Denn beim Ganztonschritt ist die Differenz zur vorigen Zahl ja $\frac{1}{9}$ der Zahl; wenn diese Zahl also das 9fache einer andern ist, ist ihre Differenz gleich dieser andern (das 9fache von 432 [2. Glied] ist 3888 [25. Glied], dessen Differenz zur Vorzahl 3456 ist 432 = $\frac{1}{9}$ von 3888 = 2. Glied).

DER TITEL

Der Titel ist zuerst bei Jamblich in Nicom. arithm. introd. S. 105, 12 Pist. = test. 11a mit περὶ φύσεως κόσμω καὶ ψυχᾶς zitiert (Τίμαιός τ'οὖν ὁ Λοκρὸς ἐν τῷ περὶ φύσεως κόσμω καὶ ψυχᾶς). Diese ältestbezeugte Form des Titels ist merkwürdigerweise bisher noch nicht herangezogen worden.

Wie weit in den Umschreibungen des Buches bei Proklos der Titel anklingt oder anklingen soll, läßt sich schwer abschätzen. 1, S. 1, 8 D. = test. 12a (vergleiche dort) τὸ τοῦ Πυθαγορικοῦ Τιμαίου γράμμα περὶ φύσεως gibt Inhaltsangabe mit Anspielung auf den Titel, hier wohl mit besonderem Hinblick auf den Nebentitel von Platons Timaios περὶ φύσεως. Angabe des Hauptgegenstandes, nicht Titel ist 1, S. 13, 12 D. = test. 12c Τιμαίῳ τε γὰρ τοιοῦτό τι γράμμα περὶ τῆς τοῦ παντὸς ἐγέγραπτο φύσεως, kommt aber dem ersten Teil des von Jamblich gegebenen Titels nahe, ist aber auch gleichlautend mit Platons Angabe über Timaios Tim. 27a ἔδοξεν γὰρ ἡμῖν Τίμαιον μέν, ἅτε ὄντα ἀστρονομικώτατον ἡμῶν καὶ περὶ φύσεως τοῦ παντὸς εἰδέναι μάλιστα ἔργον πεποιημένον, πρῶτον λέγειν . . . Ein drittes Mal nennt Proklos den TL das Buch über das All 1, S. 7, 20 D. = test. 12b ὃ (sc. τὸ βιβλίον) περὶ τοῦ παντὸς αὐτῷ σύγκειται. Proklos' Umschreibungen stützen den Titel bei Jamblich, nicht den der Handschriften. Simplikios nennt keinen Titel, sondern spricht immer nur von der 'eigenen Schrift' des Timaios. Taurus Calvisius = test. 10 gibt Inhaltsangabe, nicht Titel: καὶ γὰρ φέρεται αὐτοῦ σύγγραμμα περὶ τοῦ παντὸς ὡς γενητοῦ. Der Kurztitel περὶ φύσεως im Platonscholion und bei Suda = test. 5 und 6 werden auf Proklos zurückgehen.

Die maßgebenden Handschriften N, B und E haben als Titel Τιμαίω Λοκρῶ περὶ ψυχᾶς κόσμω καὶ φύσιος.

Die abhängigen Handschriften variieren in der Titelgebung stark. Es spricht sich hierin weniger Nachlässigkeit als Interesse an der Schrift aus; die Mehrdeutigkeit und Schwierigkeit des in N B E gegebenen Titels mag Änderungen nahegelegt haben, die Titelform von Proklos und Suda (Hesych) wird nicht unbekannt geblieben sein. Der Titel ist öfters erst nachträglich vom Rubrikator zugesetzt. Handschriftliche, unabhängige Überlieferung liegt klärlich nirgends vor, da dann diese Quelle sich auch irgendwie im Text bemerkbar machen müßte.

Ashb. 1599 Τιμαίω τῶ Λοκρῶ περὶ φύσιος wird unter dem Einfluß von Proklos oder Suda stehen (das Dorische ist vom in N B E überlieferten Titel beibehalten), ebenso Marc. 186 Τιμαίου τοῦ λοκροῦ περὶ φύσεως. Marc. 187 hat gegen 186, von dem er kommt, diese Titelform in Dorisch, sie ist vom Rubrikator zugesetzt. In Marc. 186 von anderer Hand zugesetzt ἄλλη ἐπιγραφή Τιμαίω τῶ λοκρῶ περὶ ψυχᾶς κόσμω καὶ φύσιος (in 187 als Variante übernommen). Ein Beispiel, wie verwickelt die Überlieferung des Titels sein kann. Der Zusatz des Artikels τῶ oder τοῦ in einigen Handschriften (gegen Τιμαίω Λοκρῶ in N B E) ergibt sich ohne weiteres aus dem eröffnenden Satz Τίμαιος ὁ Λοκρὸς . . . In der von B abhängenden Gruppe taucht der Artikel nicht auf, dagegen in manchen späteren Handschriften der von E kommenden Sippe. Die Überschrift Τίμαιος ὁ μικρός Malat. 28, 4 und Laur. 4, 33 manus sec. zeigt die Festigung der Einfügung ins platonische Corpus. In der Titelform von Neap. 341 Τιμαίου τοῦ λοκροῦ περὶ τοῦ παντὸς καὶ περὶ ψυχᾶς wird freie Änderung, vielleicht unter Einfluß von Jamblichs Titelform vorliegen, wie in Est. 10 die Überschrift Τιμαίω τῶ λοκρῶ περὶ τᾶς τοῦ παντὸς φύσιος offensichtlich vom gelehrten Schreiber Kamariotes stammt, vielleicht in Kenntnis von Proklos test. 12c, vielleicht auch von dem schon in der antiken Überlieferung auftretenden Titel des 'Ocellus Lucanus' περὶ τῆς τοῦ παντὸς φύσεως [1]) beeinflußt. Laur. 28, 29 man. sec. Τιμαίου τοῦ λοκροῦ λόγος περὶ κόσμου καὶ φύσιος ist eigene Herstellung. Dagegen wird Ambr. 17 περὶ ψυχᾶς φύσεως· καὶ κόσμου ein Versehen (des Rubrikators) vorliegen.

Es stehen also zwei Formen des Titels gegeneinander ‹ Τιμαίω Λοκρῶ › περὶ φύσιος (so sicher statt der Schreibweise der Jamblichhss φύσεως) κόσμω καὶ ψυχᾶς Jamblich und Τιμαίω Λοκρῶ περὶ ψυχᾶς κόσμω καὶ φύσιος die Handschriften (N B E). Trotz des archaisierenden Titelsatzes ist ein ursprünglicher Titel, schon vom Fälscher selber, sonst aber bei der frühen Benutzung der Fälschung gegeben, zur Vorstellung des Inhalts zu erwarten.

Der Titel der Handschriften ist unklar und schwierig; hängt φύσιος neben κόσμω von ψυχᾶς oder neben ψυχᾶς von περὶ ab? 'Über die Seele der Welt und der Natur', oder 'Über die Weltseele

[1] Vgl. 'Ocellus Lucanus' ed. Harder 48f.

und die Natur', wie es die Herausgeber immer verstanden haben? Denn archaisch als 'Entstehung' kann φύσιος neben ψυχᾶς κόσμω kaum aufgefaßt werden. Man erwartet bei Nebeneinanderstehen von ψυχᾶς κόσμω und φύσιος die Wiederholung des περί. In der Schrift ist von der Weltseele die Rede, von einer ψυχὴ τῆς φύσιος nicht; so kommt man vom Sachlichen, jedoch nicht ohne weiteres vom Wortlaut des Titels selbst, zu der Interpretation 'Über die Weltseele und die Natur'. Demgegenüber macht der Titel, den Jamblich gibt, keine Schwierigkeit: 'Über die Natur (oder 'Entstehung') von Welt und Seele'. Sachlich sitzt er gut; in der Schrift werden Körper und Seele, beim All wie dem Einzelwesen, gesondert behandelt.

Das alles spricht für die Jamblichische Form des Titels, gegen den aus den Handschriften in die Vulgata und die modernen Ausgaben aufgenommenen.

DIE DRUCKE

Der früheste Druck des TL ist eine lateinische Übersetzung von *Georgius Valla* (aus Piacenza, c. 1430-1499) im Sammelband seiner lateinischen Übersetzungen, der mit Nicephorus Logica beginnt, Venedig bei (Simon Papiniensis) Bevilaqua 1498 [1]). Die Übersetzung, schwerfällig und mit zahlreichen Mißverständnissen und Fehlern, ist nach Marc. 517 oder einer nicht erhaltenen Abschrift daraus gearbeitet, wie eine Lücke in § 3 beweist, die einer Zeile in Marc. 517 entspricht. Es ist nur eine Handschrift benutzt, und zwar der korrigierte Marc. 517 (M^2) bis auf wenige Ausnahmen, wo die Korrekturen nicht berücksichtigt sind.

Der erste Druck des griechischen TL ist enthalten in der ersten Platongesamtausgabe von *Aldus Manutius*, Venedig 1513, auf S. 375-381. Im TL ist Vorlage Marc. 187, wie das Auftreten der Sonderfehler von Marc. 187 beweist (für die Zahlen, die in Marc. 187 fehlen, Marc. 186, der hier und dort auch im Text beigezogen sein wird). Post 58f: "wahrscheinliche Vorlage für die Aldina ist Marc. 186, eher als Marc. 184", ist also für den TL zu berichtigen. In einigen Fällen ist gegenüber der Vorlage der Dialekt hergestellt.

Abdruck der Aldina mit allen Fehlern ist im TL die Gesamtausgabe Platons mit Proklos' Kommentaren zum Timaios und zur Politeia bei Joannes Valderus, Basel 1534 (TL S. 643-647, zwischen Epinomis und Spuria).

Im Jahr 1555 sind zwei Sonderausgaben des TL erschienen.

1. Bei *Guilielmus Morelius*, Paris; S. 1-31. Der Text ist aus der Aldina genommen und durchkorrigiert, besonders ist an mehreren Stellen Dialekt hergestellt oder erfunden (z.B. 221, 6 ἄλεκτρον für ἤλεκτρον, 221, 17 ξαρότας für ξηρότας). Die Korrekturen greifen nicht stark ein und weisen nirgends auf unbekannte Überlieferung. Die Zahlen sind nicht direkt aus der Aldina genommen, Fehler der Aldina sind verbessert, eigene Fehler sind da, die Angaben des Leimma sind fast alle eine Stelle zu früh gesetzt, die beiden Apo-

[1] Falsch ist die Angabe bei Fabricius (danach auch de Gelder), daß diese Übersetzung auch schon 1488 bei de Strata gedruckt sei. Wahrscheinlich liegt eine Verwechslung vor mit dem Druck de Strata 1485: Cicero De fato. Topica. Timaeus (also Ciceros Übersetzung eines Teils des platonischen Timaios). — Die früheste lateinische Übersetzung des TL ist die von Gregorius Tiphernas (Castellanus siehe S. 48).

tomai sind weggelassen; offenbar hat der Setzer eine handschriftliche Bearbeitung des Zahlenschemas (ohne die Apotomai) nicht recht lesen können.

2. Timaei Locri philosophi Pythagorei De mundi anima et natura libellus, a *Ludovico Nogarola* in Latinum conversus. Venedig, Hieronymus Scotus 1555; 27 Blatt. Der griechische Text ist abschnittsweise gebracht, darauf varia lectio, dann die Übersetzung und einige Bemerkungen. Am Ende wird ein Kommentar zum TL angekündigt, der nie erschienen ist. Graf Nogarola aus Verona hat auch den Ocellus Lucanus übersetzt und erläutert (vgl. R. Harder, Ocellus Lucanus S. XXII), beides nicht ohne Nationalstolz, wie seine an die Ocellusausgabe angehängte Schrift De viris illustribus genere Italicis qui Graece scripserunt zeigt. Der griechische Text ist ein fehlerhafter Abdruck aus der Basler Ausgabe von 1534, wie mißverstandene Ligaturen beweisen, mit einigen Änderungen. In den variae lectiones sind teils der Basler Druck, teils verschiedene Handschriften herangezogen. Nogarola ist offenbar in Venedig gewesen, da er dortige Hss und einmal einen Codex des Bessarion in der Marciana nennt. Bei den Zahlen herrscht Verwirrung, auch in der Übersetzung, er hat sie weder verstanden noch nachgerechnet, von Druckfehlern abgesehen.

Die Platonausgabe von *Henricus Stephanus*, Genf 1578, in drei Bänden, mit der Übersetzung des Joannes Serranus (Jean de Serre; die Übersetzung des TL wieder abgedruckt in dem Neudruck der Platon-Übersetzungen von M. Ficino — Erstdruck Florenz 1494 — Genf 1590 bei Guil. Laemarius). Im TL (Bd. 3, 93-105, hinter den Timaios gestellt) ist der Stephanusdruck eine gelehrte Überarbeitung der Aldina oder eher der Basler Ausgabe von 1534; die Zahlen sind weggelassen. TL gilt noch, wenn auch mit Vorsicht, als Vorlage des Timaios. Im Argumentum zum Timaios heißt es: Timaeus Locrus dorice scriptus est, vel illius summa vel πρωτότυπον vel potius αὐτόγραφον: ex quo veluti fonte copiosissimam illam disputationem derivavit Plato et commentario illustravit. Im Argumentum zum TL spricht er ausführlicher über die Eignung des TL als Erläuterung zu Platons Timaios, da hier alles bequem und einfach gesagt werde.

Nach der Stephanusausgabe ist der TL häufig in die Platondrucke aufgenommen worden.

Abschrift aus dem Stephanusdruck ist die griechische Handschrift Nr. 8 der Bibliothek der Türk Tarih Kurumu in *Ankara* (die 1932 aus dem Besitz der griechischen Philologischen Gesellschaft in Konstantinopel dorthin gekommen ist). Sie enthält TL und Platons Timaios; beschrieben von Paul Moraux: Bibliothèque de la Société Turque d'Histoire. Catalogue des Manuscrits Grecs (Fonds du Syllogos). Türk Tarih Kurumu Basimevi. Ankara 1964 (Türk Tarih Kurumu Yayinlarindan 12, 4); er weist sie der Mitte des 18. Jh. zu, vielleicht ist sie etwas früher. TL ist vor den Timaios gestellt, wohl veranlaßt durch das vorher zitierte Argumentum von Stephanus vor dem Timaios über den TL. Die Hs folgt dem Stephanusdruck, auch wo er von Ald. und Bas. abweicht, bringt nicht dessen Randnotizen, hat Sonderfehler (so 208, 1 ποτ' ἄλλα, statt ἄλληλα; 213, 23 om. τᾶς (vor τῶ ἑτέρω); 222, 18 om. τινα).

Aus einem Druck abgeschrieben, wahrscheinlich auch dem Stephanusdruck, ist auch *Urbinatis 29*, der mit Urb. 28 und 30 zusammen einen Platontext darstellt [1]). 17. Jh. Der TL 175v-181v. Ich habe die Druckvorlage nicht genauer bestimmt, nur festgestellt, daß Urb. 29 im TL die Eigenheiten von Marc. 187 teilt, aus dem die Aldina kommt, dazu neue Lesarten der Aldina hat wie 206, 1 πάντα: τάδε cett; 217, 9 καὶ ὕδωρ om.

In *Thomas Gale*, Opuscula mythologica, ethica et physica, Graece et Latine. Cambridge 1671 ist der griechische und lateinische Text des TL Abdruck der Stephanusausgabe, mit einigen variae lectiones am Rand.

Die Ausgabe von Marquis *d'Argens*, Timée de Locres en Grec et Français, Berlin 1763, mit Erläuterungen über die Hauptfragen der Metaphysik, Physik und Ethik der Alten, sei nur erwähnt; ebenso die von Abbé *Batteux* (mit Ocellus Lucanus und Aristoteles De mundo), Paris 1768, die drei Pariser Codices heranzieht.

Die Platonausgabe von *Immanuel Bekker*, Berlin 1816-18 (ohne kritischen Apparat) enthält den TL (ohne lateinische Übersetzung) in III 3 (1818), 378-392, zwischen Epinomis und Briefen. Nach dem Index der von ihm kollationierten Handschriften zu Beginn von Bd. 1 hat er für den TL die folgenden Hss benutzt: Paris 1809 (C); 1815 (I); 1823 (M); Venedig 184 (Ξ); 185 (Π = V hier); Wien 32 (Φ, jetzt phil.graec. 109); München 324 (q, jetzt 237).

Die Einzelausgabe des TL von *J. J. de Gelder*, Leiden 1836, 134 S. (nach der ich kollationiert habe), mit Praefatio, kritischen Be-

---

[1] Vgl. Schanz, Platocodex 97; Post 75: aus der Stephanusausgabe oder später.

merkungen unter dem Text und ausführlicher Annotatio nennt nach den Katalogen 14 Handschriften, hat aber neben den Drucken[1]) nur die drei Pariser Hss 963 (= A); 1815 (= B); 1823 (= C), also alles späte, von Monac. 495 abgeleitete, für die Herstellung des Textes und kritischen Apparates benutzt.

Die letzte Ausgabe des TL ist die von *C. Fr. Hermann* im 4. Band der Platonausgabe bei Teubner 1852, TL hinter den Timaios gestellt. Nach der Praefatio S. XXVII verwendet er die bei Bekker angeführten Lesarten der von diesem beigezogenen Hss, dazu die Ausgabe von de Gelder.

---

[1] Er nennt zwei Basler Platonausgaben, meint also die bei Henricus Petri 1556 mit, die aber TL nicht enthält.

TESTIMONIA

Person

1 *Plato* Timaeus

20a Τίμαιός τε γὰρ ὅδε, εὐνομωτάτης ὢν πόλεως τῆς ἐν Ἰταλίᾳ Λοκρίδος, οὐσίᾳ καὶ γένει οὐδενὸς ὕστερος ὢν τῶν ἐκεῖ, τὰς μεγίστας μὲν ἀρχάς τε καὶ τιμὰς τῶν ἐν τῇ πόλει μετακεχείρισται, φιλοσοφίας δ' αὖ κατ' ἐμὴν δόξαν ἐπ' ἄκρον ἁπάσης ἐλήλυθεν.

27a ἔδοξεν γὰρ ἡμῖν Τίμαιον μέν, ἅτε ὄντα ἀστρονομικώτατον ἡμῶν καὶ περὶ φύσεως τοῦ παντὸς εἰδέναι μάλιστα ἔργον πεποιημένον, πρῶτον λέγειν ἀρχόμενον ἀπὸ τῆς τοῦ κόσμου γενέσεως, τελευτᾶν δὲ εἰς ἀνθρώπου φύσιν.

Die nachplatonischen Erwähnungen des Timaios bringen zur Person nichts, was über Platons Angaben hinausgeht und auf eine davon unabhängige Überlieferung weist. In der Regel nennen sie ihn nur Lokrer und Pythagoreer. Das zweite, bei Platon nicht ausgesprochen, bot sich aus den Lehren des Dialogs an; sie sind schon von den Nachfolgern Platons als pythagoreische Weisheit aufgefaßt worden. Keine Überlieferung, sondern ein naheliegender Schluß hat offenbar zu der bei Cicero (test. 3) vorliegenden Version geführt, daß Platon bei seiner Reise nach Italien und Sizilien auch mit Timaios in dessen Heimat verkehrt habe. Das Gespräch der platonischen Schrift, dessen fingiertes Datum etwa 421 ist (vgl. A. E. Taylor, A commentary on Plato's Timaeus, S. 13 ff), wird so als eine Rückspiegelung von Gesprächen Platons mit Timaios gesehen. Damit lag nahe, die Darlegungen der Titelperson als getreue Wiedergabe der Lehre des wirklichen Timaios zu verstehen. Wenn der Fälscher des TL solche Gespräche durch ein Buch ersetzt, das Platon irgendwie vorfand, so kann er mit der Lebenszeit des Timaios näher an dem fingierten Datum des Dialogs, lange vor der Sizilienreise, bleiben. Mit der Annahme der Fälschung ist in den uns vorliegenden späteren Zeugnissen Timaios Vorgänger Platons in dessen Schrift Timaios; doch wird er auch schon früher so angesprochen worden sein. Nichts nötigt dazu, in der Titelperson von Platons Dialog eine historische Person zu sehen.

2 [*Aristoteles*] De historiis mirabilibus 847 b 7 § 178 Δημάρητον Τιμαίου τοῦ Λοκροῦ ἀκουστὴν νοσήσαντα ἄφωνόν φασι ἐπὶ δέκα γενέσθαι ἡμέρας· ἐν δὲ τῇ ἐνδεκάτῃ ἀνανήψας βραδέως ἐκ τῆς παρακοπῆς ἔφησεν ἐκεῖνον τὸν χρόνον ἥδιστα αὐτῷ βεβιῶσθαι.

Dies wäre das einzige Zeugnis zur Person, das nicht aus Platon ableitbar ist, wenn auf den Namen Timaios Lokros irgendein Verlaß wäre. Eine ähnliche Geschichte mit dem gleichen Schluß und ohne Namen von einem Mann aus Abydos steht § 31. Die Nachricht gehört in den Anhang § 152-178, der in die Zeit vom 3. bis 5. (6.) Jh. nach Chr. datiert wird (P. Moraux, Les listes anciennes, 260).

3a *Cicero* De rep. 1, 16 ... *post in Italiam et in Siciliam contendisse* (sc. *Platonem*), *ut Pythagorae inventa perdisceret, eumque cum Archyta Tarentino et cum Timaeo Locro multum fuisse et Philoleo commentarios esse nanctum.* (Cf. Hieronymus adv. Rufin 3, 40 ... *ab Archyta Tarentino Timaeoque Locrensi Pythagorae doctrina eruditus* ...)

3b De fin. 5, 87 *Cur post Tarentum ad Archytam* (sc. *Plato peragravit*)*? Cur ad reliquos Pythagoreos, Echecratem, Timaeum, Arionem Locros, ut cum Socratem expressisset, adiungeret Pythagoreorum disciplinam eaque, quae Socrates repudiabat, addisceret?*

(Daraus *Valerius Maximus* 8, 7 ext. 3 (S. 627, 12 ed. Kempf) *Quo minus miror in Italiam transgressum* (sc. *Platonem*), *ut ab Archyta Tarenti, a Timaeo et Arione et Echecrate Locris Pythagorae praecepta et instituta acciperet,* ...)

Wer zuerst den Umgang Platons mit Timaios in Lokroi konstruiert hat, ist nicht bekannt. Auf dieser Annahme wird der Schluß bei Macrobius Saturn. 1, 1 fußen, daß Sokrates und Timaios nicht Zeitgenossen gewesen sind: *Inclitum dialogum Socrates habita cum Timaeo disputatione consumit, quos constat eodem saeculo non fuisse.* Über die Philolaosbücher siehe zu test. 11.

4a Der Pythagoreerkatalog des *Jamblich* Vita Pyth. 267 (Vorsokr. [5]45A, [6]58A) enthält den Namen Timaios zweimal, einmal unter den Krotoniaten ([6]S. 446, 11D.), das andere Mal (S. 447, 3D.) unter den Pariern; er fehlt unter den Lokrern, wird also von hier unter die vorausgehenden Parier geraten sein (so Diels); Jamblich nennt sonst Timaios den Lokrer (s. test. 11).

4b *Olympiodorus* In Platonis Gorgiam comm. XLI 17, ed. W. Norwin 1936, S. 201, 11, zu Platons Gorgias 517a (Sokrates: wir kennen keinen guten Politiker in dieser Stadt): das 'wir kennen' ist richtig, denn gute Politiker können früher gelebt haben oder anderswo sein, οὕτω γοῦν καὶ Τίμαιος ὁ Πυθαγόρειος πολιτικῶς ἦρξεν ἐν Ἰταλίᾳ. Aus test. 1. — Die im Index von Norwin's Ausgabe von Olympiodors Phaidon-Kommentar (Leipzig 1913) unter TL aufgeführten Stellen gehen alle auf Timaios als Sprecher des platonischen Dialogs.

Schriften

5 *Suda* (Hesych) s.v. Τίμαιος, Λοκρός, φιλόσοφος πυθαγόρειος. μαθηματικά, περὶ φύσεως, περὶ τοῦ Πυθαγόρου βίου.

6 *Schol. in Plat. Tim.* 20a (ed. Green) Τίμαιος ἐκ Λοκρῶν τῶν Ἐπιζεφυρίων, τῆς ἐν Ἰταλίᾳ πόλεως, φιλόσοφος Πυθαγόρειος, ἔγραψε μαθηματικά τε καὶ περὶ φύσεως σύγγραμμα τὸν Πυθαγορικὸν τρόπον. ἔνθεν ὁ Πλάτων καὶ τὸν διάλογον εἰς αὐτὸν ἔγραψε, καθὰ καὶ ὁ σιλλογράφος φησὶ περὶ αὐτοῦ (Vers 2 und 3, siehe zu test. 11).

Die Zuschreibung einer Schrift über das Leben des Pythagoras beruht so gut wie sicher auf einer Verwechslung mit Timaios von Tauromenion, der im 9. Buch seines Geschichtswerks über Pythagoras gehandelt hat. Auch die Schrift mit dem unbestimmten Titel μαθηματικά gehört wahrscheinlich einem andern Timaios zu, wohl dem Astrologen, wie W. Kroll RE Timaios Nr. 9, 1228 einleuchtend vermutet. Dieser wird mit dem bei Plinius n.h. 5, 55 und 16, 82 *mathematicus* genannten identisch sein. Es gibt sonst keine Spuren von mathematischen Schriften unter dem Namen des TL; doch sind test. 7 und 8 in die Möglichkeiten einzubeziehen. Zur Vermischung mit dem Astrologen ist an Platon Timaios 27a ἅτε ὄντα ἀστρονομικώτατον zu erinnern, eine Aussage, die diese Verwechslung nahe legt. Über den Plagiatvorwurf siehe zu test. 11.

7 *Clemens Alexandrinus* Stromateis 5, 115, 4 (S. 404, 7 Stählin-

Früchtel; = *Eusebius* Praep. Ev. 13, 13, 42 = *Theodoret.* Graec. aff. cur. 2, 108) ἀλλ' ἄντικρυς [καὶ][1]) μίαν ἀρχὴν καὶ παρ' Ἑλλήνων ἀκοῦσαι ποθεῖς; Τίμαιος ὁ Λοκρὸς ἐν τῷ φυσικῷ συγγράμματι κατὰ λέξιν ὧδέ μοι μαρτυρήσει· >μία ἀρχὰ πάντων ἐστὶν ἀγένητος[2])· εἰ γὰρ ἐγένετο, οὐκ ἂν ἦν ἔτι ἀρχά, ἀλλ' ἐκεῖνα, ἐξ ἇς ἁ ἀρχὰ ἐγένετο.<

8 *Stobaeus* 1 prooem. 2 (S. 16, 14 W.) ἡ μονὰς γονὴ ὑπὸ Τιμαίου τοῦ Λοκροῦ προσαγορεύεται, ὡς ἄρχουσα τῆς τῶν ἀριθμῶν γενέσεως.

Cf. [Jamblichus] Theologumena Arithmeticae 5, 20 de Falco (= 6 Ast): In einer Aufzählung von Benennungen für die μονάς Ὅτι Ἀνατόλιος γονὴν αὐτήν φησι καλεῖσθαι καὶ ὕλην, ὡς ἄνευ αὐτῆς μὴ ὄντος μηδενὸς ἀριθμοῦ.

Beide Zitate sind nicht der erhaltenen Schrift entnommen. Sind sie ein eindeutiger Beweis, daß es eine oder weitere auf Timaios L. gestellte Schriften gegeben hat, gleichfalls im dorischen Dialekt? Daß keine weitere Bezeugung anderer Schriften vorliegt, ist nicht so auffällig, da das Interesse der anderen Zeugen ausschließlich der vermeintlichen Vorlage des platonischen Timaios gilt; dieses Interesse hat die Schrift in die Timaioserklärung einbezogen und sie so erhalten. Daß Suda keine weiteren Schriften nennt (unter μαθηματικά wird man das Clemenszitat ungern einordnen), könnte sich dadurch erklären, daß diese Schriften bald untergegangen sind. Schwierigkeiten macht aber der Titel bei Clemens. Mit ἐν τῷ φυσικῷ συγγράμματι könnte die erhaltene Schrift zitiert werden, zur Unterscheidung von ihr ist er untauglich. Clemens beziehungsweise seine Vorlage scheint also nichts von ihr zu wissen. Das ist auffällig. Eine Verwechslung ist nicht auszuschließen. Für eine solche plädiert J. R. W. Anton in seiner Behandlung der Zeugnisse am Anfang seiner Untersuchung De origine libelli περὶ ψυχᾶς κόσμω καὶ φύσιος inscripti qui vulgo Timaeo Locro tribuitur quaestio. Naumburg 1891 (teilweise Neuauflage seiner Dissertation Berlin 1851 und seines Gymnasialprogramms Essen 1869, erster Teil S. 1-176 zuerst erschienen Erfurt 1883) S. 23f und 26f. Aber die zweifache Bezeugung spricht gegen Eliminierung der Zitate. H. Thesleff, The Pythagorean Texts of the Hellenistic period. Helsinki 1965

---

[1] καὶ om. Euseb. [2] ἀγένητος Euseb. ἀγέννητος Clem. Theod. (Cf. Plato Phaedr. 245a. ἀρχὴ δὲ ἀγένητον. ἐξ ἀρχῆς γὰρ ἀνάγκη πᾶν τὸ γιγνόμενον γίγνεσθαι, αὐτὴν δὲ μηδ' ἐξ ἑνός· εἰ γὰρ ἔκ του ἀρχὴ γίγνοιτο, οὐκ ἂν ἔτι ἀρχὴ γίγνοιτο.)

setzt das Fragment vermutungsweise unter Aristaios (S. 53); doch ist diese Vermutung ohne Stütze, zumal der für Aristaios überlieferte Titel περὶ ἁρμονίας schwerlich mit ἐν τῷ φυσικῷ συγγράμματι umschrieben werden kann. Obwohl Bedenken bleiben, müssen wir mit einer (mehreren) weiteren Schrift unter dem Namen des TL rechnen. Zum Zeugnis Syrians siehe unten unter test. 13a.

Die Schrift περὶ φύσιος κόσμω καὶ ψυχᾶς
Nennungen und Zitate (=)*

9 *Nicomachus Gerasenus* Harmonicum Enchiridium c. 11, Mus. Script. Graeci, ed. Jan S. 260, 12 καὶ προσεκθησόμεθα τὸν τοῦ Πυθαγορικοῦ λεγομένου κανόνος κατατομὴν ἀκριβῶς καὶ κατὰ τὸ βούλημα τοῦδε τοῦ διδασκάλου συντετελεσμένην, οὐχ ὡς Ἐρατοσθένης παρήκουσεν ἢ Θράσυλλος, ἀλλ' ὡς ὁ Λοκρὸς Τίμαιος, ᾧ καὶ Πλάτων παρηκολούθησεν, ἕως τοῦ ἑπτακαιεικοσιπλασίου.

Nikomachos ist auf den Beginn des 2. Jh. datiert. Dies älteste Zitat der Schrift geht auf die Einteilung der Weltseele, die bei Platon nur angedeutet, bei TL in einer Zahlenreihe vorgeführt ist (96a ff § 19-23). Die ausgeführte Form gilt hier, im Sinne des Fälschers, als die Vorlage. Das 'genau und nach dem Willen des Pythagoras durchgeführt' gibt nicht her, daß dem Nikomachos auch die Erläuterungen zur Zahlenreihe, wie sie N bietet, vorliegen; der Ausdruck liegt aber näher, wenn es der Fall war. ἕως τοῦ ἑπτακαιεικοσιπλασίου am Ende entspricht TL 212, 19 in der zusammenfassenden Erläuterung μέχρι τοῦ ἑπτὰ καὶ εἰκοσαπλασίου, doch liegt die Entsprechung von der Sache her nahe. Nikomachos hat also die 36er Reihe gebracht; vgl. test. 11g. Dieses Zeugnis ist als terminus ante quem mit test. 10 der erste feste Datierungspunkt für die Fälschung.

10 *Taurus Calvisius* Platonicus bei Joannes Philoponus De aeternitate mundi contra Proclum 6, 8 S. 145, 15 (= S. 223, 10) Rabe Ἀριστοτέλης μὲν οὖν φησι λέγειν τὸν Τίμαιον γενητὸν εἶναι τὸν κόσμον, τοῦ Τιμαίου λέγοντος γεγονέναι· καὶ γὰρ φέρεται αὐτοῦ σύγγραμμα περὶ τοῦ παντὸς ὡς γενητοῦ.

Philoponos zitiert ein langes Stück aus dem Timaioskommentar des Platonikers Tauros (S. 145, 13-147, 25 Rabe, der Anfang bis Zeile 25 erneut S. 223, 8-19, ohne den auf den TL-Verweis folgenden Satz), da dieser den Bedeutungen von γενητός am meisten Aufmerksamkeit geschenkt habe. Tauros fügt zu Aristoteles' Meinung, das γεγονέναι des Timaios sei soviel wie γενητός, hinzu, es werde ja auch eine Schrift des Timaios überliefert περὶ τοῦ παντὸς ὡς γενητοῦ. Da es auf das γενητός als Beleg ankommt, muß es sich um eine titelähnliche Inhaltsangabe handeln, die Tauros bereits vorfand; sie ist nach Tim. 28b 4ff gebildet. Die Schrift selber braucht Tauros nicht zu kennen (sie taucht in den Fragmenten seines Timaioskommentars sonst nicht auf). Die Echtheit des TL wird angenommen, doch wird nicht gesagt, daß Platons Timaios dem TL nachfolge. Das zurückhaltende φέρεται zeigt, daß es noch nicht üblich ist, mit TL als Vorlage des Timaios zu rechnen. Tauros gehört in die Mitte des 2. Jh., gibt also nach oder mit Nikomachos die früheste Bezeugung des TL. Die Stelle rangierte bisher irrtümlich unter Philoponos. Trotz der losen Anfügung des Verweises auf die Schrift darf man nicht an eine Interpolation im Text des Tauros denken; die Wiederholung verbietet es.

11a *Jamblichus* in Nicom. arithm. introd. S. 105, 10 Pist. καὶ πρὸ Πλάτωνος δὲ τὰ αὐτὰ διειλήφεσαν Πυθαγορικοὶ περὶ αὐτῆς (sc. γεωμετρικῆς ἀναλογίας). Τίμαιός τ' οὖν ὁ Λοκρὸς ἐν τῷ Περὶ φύσεως κόσμω καὶ ψυχᾶς (ἀφ' οὗπερ ἐφοδιασθέντα Πλάτωνα τὸν διὰ τοῦτο φερώνυμον Τίμαιον συντάξαι λέγουσιν, ὧν ἐστιν καὶ ὁ τοὺς σίλλους ποιήσας Τίμων λέγων οὕτως· >πολλῶν δ' ἀργυρίων ὀλίγην ἠλλάξατο βίβλον, ἔνθεν ἀφορμηθεὶς τιμαιογραφεῖν ἐπεχείρει<) οὕτω πώς φησι· τ ρ ι ῶ ν γ ὰ ρ ὡ ν τ ι ν ω ν ο ῦ ν ὅ ρ ω ν — κ α ὶ π α ρ α λ λ ά ξ (TL 95c § 15).

11b S. 118, 24 Pist. εὑρίσκονται γοῦν πολλοὶ τῶν Πυθαγορείων αὐτῇ (sc. ἀναλογίᾳ μουσικῇ) κεχρημένοι, ὥσπερ 'Αρισταῖος ὁ Κροτωνιάτης καὶ Τίμαιος ὁ Λοκρὸς καὶ Φιλόλαος καὶ 'Αρχύτας οἱ Ταραντῖνοι καὶ ἄλλοι πλείους, καὶ μετὰ ταῦτα Πλάτων ἐν τῷ Τιμαίῳ λέγων οὕτως (Tim. 36a-b).

Bei Jamblich finden wir zum erstenmal die Geschichte von der Vorlage eines pythagoreischen Buches für Platons Timaios und die Verse des Timon auf die Schrift des Timaios Lokros bezogen. Die Geschichte, die Platon von Philolaos ein Buch erhalten läßt, das ihm die bis dahin geheimen Lehren des Pythagoras zugänglich macht, gibt es in zwei Hauptvarianten, die hier nur als Vorgänger der Variante bei Jamblich kurz vorgeführt werden sollen (Vorsokratiker Philolaos A[6] S. 398-400; ausführlich behandelt bei W. Burkert, Weisheit und Wissenschaft. Studien zu Pythagoras, Philolaos und Platon. Nürnberg 1962, S. 208ff).

1. Variante (Diog. Laert. 3, 9; 8, 15; 8, 84, Jamblich Vita Pyth. 199): In einem Brief hat Platon Dion beauftragt, für 100 Minen die drei pythagoreischen Bücher zu kaufen, was dieser dann ausgeführt hat. Satyros, der als Gewährsmann angeführt wird, scheint dieser gefälschte Brief vorgelegen zu haben. Die Bücher heißen die vielgenannten drei Bücher (τὰ διαβόητα τρία βιβλία DL 8, 15; τὰ θρυλούμενα ταῦτα τρία βιβλία Jamblich 199). Es ist eine alte Streitfrage, ob damit ursprünglich Bücher von Philolaos gemeint gewesen sein können. In der uns vorliegenden Tradition sind aber offensichtlich andere pythagoreische Bücher gemeint, die bekannt sind. Ihre Gleichsetzung mit den bei Diog. Laert. 8, 6 genannten drei Schriften des Pythagoras Παιδευτικόν, Πολιτικόν, Φυσικόν hat alle Wahrscheinlichkeit für sich. Jamblich spricht nur von pythagoreischen Büchern, die auf Grund verwandtschaftlicher Beziehungen im Besitz des Philolaos waren und die er infolge drückender Armut verkaufen mußte (199). Für Platon besagt diese Tradition, daß er als erster Außenstehender Zugang zur gesamten Geheimlehre des Pythagoras hatte und sie in seiner gesamten Philosophie (die drei Titel) benutzt hat; die Beziehung zu seinem Timaios ist nur lose, Philolaos' Schrift spielt keine Rolle.

2. Variante: Diog. Laert. 8, 85 γέγραφεν δὲ βιβλίον ἕν (Φιλόλαος), ὅ φησι Ἕρμιππος λέγειν τινὰ τῶν συγγραφέων Πλάτωνα τὸν φιλόσοφον παραγενόμενον εἰς Σικελίαν πρὸς Διονύσιον ὠνήσασθαι παρὰ τῶν συγγενῶν τοῦ Φιλολάου ἀργυρίου Ἀλεξανδρινῶν μνῶν τετταράκοντα καὶ ἐντεῦθεν μεταγεγραφέναι τὸν Τίμαιον. Hier handelt es sich um das eine Buch des Philolaos, kein Brief liegt vor, Platon erwirbt es ohne Vermittlung, und vor allem ist auf den Timaios gezielt und der Plagiatvorwurf wird erhoben. Diese Fassung ist früher bezeugt, Hermippos, etwas früher als Satyros, beruft sich auf einen Gewährsmann (Aristoxenos ist unsichere Vermutung, s. Burkert 211[48]). Diese Version hat eindeutig auch der Sillograph Timon (etwa bis 230) im Sinn, dessen Verse den Plagiatvorwurf einschärfen (Fr. 54 bei Diels, Poet. philos. Gr. Fr.): Gellius 3, 17, 5 *in eo libro* (sc. *qui* Σίλλος *inscribitur*) *Platonem philosophum contumeliose appellat, quod inpenso pretio librum Pythagoricae disciplinae emisset exque eo*

Timaeum, nobilem illum dialogum, concinnasset. versus super ea re Timonis hi sunt

καὶ σύ Πλάτων· καὶ γάρ σε μαθητείης πόθος ἔσχεν,
πολλῶν δ' ἀργυρίων ὀλίγην ἠλλάξαο βίβλον,
ἔνθεν ἀπαρχόμενος τιμαιογραφεῖν ἐδιδάχθης.

Timon setzt die Geschichte in der zweiten Version offenbar schon voraus.

Welche der beiden Versionen die frühere ist, ist nicht eindeutig auszumachen; jedenfalls gab es im 3. Jh. beide nebeneinander. Die Fälschung der Schrift des Timaios Lokros läßt sich mit der ersten Version, die ja auf allgemeine Abhängigkeit Platons von Pythagoras geht, vereinen, nicht mit der zweiten. Fehlt allerdings der Name des Philolaos wie bei Timon, so kann sie die Fälschung stützen. Der Fälscher selber kann durch diese Verse zu seinem Unterfangen mit angeregt sein; ob er dann den Namen Philolaos verdrängen wollte oder ihn nicht mehr kannte, ist nicht feststellbar. Jamblich kennt die erste Version mit den drei allbekannten Büchern (Vita Pyth. 199), doch braucht ihn das nicht darin zu stören, hier die Verse des Timon auf die Schrift des Timaios Lokros anzuwenden. Er erkennt den TL als echt an, wie schon Nikomachos (test. 9), zu dem er hier eine Einführung schreibt. Zu den Vorgängern, auf die er sich beruft, wird eben Nikomachos gehören. Das vorsichtige λέγουσιν zeigt, daß die Behauptung noch nicht Allgemeingut ist. Er stützt sie sorgfältig ab mit zwei Begründungen, dem Titel des Dialogs und den Versen des Timon. Er bringt von ihnen nur das Nötigste, der bissige erste Vers mit der Anrede ist weggelassen, entsprechend ist die zweite Person in die dritte geändert, das spottende ἐδιδάχθης ist durch das farblose ἐπεχείρει (unternahm es) ersetzt. (Bei der Variante ἀφορμηθείς statt ἀπαρχόμενος läßt sich eine Absicht nicht sehen). Gehören diese Änderungen Jamblich selber, der vielleicht aus dem Gedächtnis zitiert, oder einer Vorlage? Die Aufnahme des ἔνθεν ἀφορμηθείς mit ἀφ' οὗπερ ἐφοδιασθέντα in seiner Darstellung zeigt, daß die Anwendung der Verse auf TL hier frisch ist. Die Verse sind das eigentliche Argument, mit dem der Vorrang des TL begründet wird. Der Verdacht ist stark, daß erst Jamblich diese Verse für TL herangezogen hat. Offen bleiben muß, ob er oder sein Vorgänger sie wider besseres Wissen von Philolaos abgetrennt haben, oder ob dieser Zusammenhang nicht mehr bekannt war.

Proklos

12a *Proclus* in Platonis Timaeum 1, S. 1, 8 Diehl καὶ γὰρ καὶ αὐτὸ τὸ τοῦ Πυθαγορικοῦ Τιμαίου γράμμα περὶ φύσεως τὸν Πυθαγορικὸν τρόπον διατάττεται, ἔνθεν ἀφορμηθεὶς ὁ Πλάτων τιμαιογραφεῖν ἐπιχειρεῖ κατὰ τὸν σιλλογράφον· ὃ καὶ προυτάξαμεν τῶν ὑπομνημάτων, ἵν' ἔχοιμεν γινώσκειν, τίνα μὲν ὁ Πλάτωνος Τίμαιος λέγει τὰ αὐτὰ ἐκείνῳ, τίνα δὲ προσέθηκε, τίνα δὲ καὶ διάφωνα· καὶ τῆς διαφωνίας ζητῶμεν τὴν αἰτίαν μὴ παρέργως·

Proklos beginnt den Kommentar (geschrieben 437 oder 439) mit der Feststellung, daß das durchgehende Thema des *platonischen* Timaios allen einigermaßen literarisch Gebildeten bekannt sei, die Behandlung der gesamten Naturlehre (φυσιολογία) und die Betrachtung des Ganzen (ἡ τοῦ παντὸς θεωρία). Der nächste Satz stützt diese Feststellung mit einem Verweis auf die Schrift des *pythagoreischen* Timaios: auch diese Schrift handelt über die φύσις, nach pythagoreischer Art. περὶ φύσεως ist also nur Anspielung auf den Titel, vorwiegend Inhaltsangabe. Unterstellt wird beim Anschluß des Satzes, daß es bei einem Pythagoreer besonders klar ist, daß φύσις und τὸ πᾶν Gegenstände sind, und damit, daß Platon die pythagoreische Weise befolgt. Das wird nun ausdrücklich mit dem letzten Vers des Timon belegt. Der vorangehende Vers ist fortgelassen, damit der Plagiatvorwurf eliminiert, und abkürzend wird es den eigenen Worten des Zeugnisses überlassen festzustellen, daß die Schrift des TL Vorlage zu Platons Timaios ist. Die Verwendung der Timonverse in diesem Zusammenhang ist schon geläufig, statt des Namens tritt die Umschreibung 'der Sillograph' ein. Die mit Jamblich übereinstimmende Fassung des Verses (3. Person, ἀφορμηθείς, ἐπιχειρεῖ) legt nahe, daß hier auf ihn zurückgegriffen ist. Er hatte wohl eine ähnliche Formulierung wie bei der Schrift zu Nikomachos am Anfang seines Timaioskommentars gebracht. Daß Proklos von Platons Timaios sogleich auf die Schrift des Timaios Lokros lossteuert und sie als Unterlage für den Timaios vorstellt, hat seinen Grund darin, daß er sie seiner Schrift vorangestellt hat. Das erwähnt er jetzt, um sogleich Absicht und Nutzen dieses Unternehmens zu entwickeln: Übereinstimmung, Zusätze und Abweichungen Platons und Gründe für die Abweichungen können erfaßt werden. Er selber führt aber das Programm garnicht durch, sondern zieht, selten, die Schrift des Timaios Lokros nur heran, um allgemein das pythagoreische Element in Platons Dialog zu unterstreichen oder eine seines Erachtens richtige Platonauslegung zu stützen. Wiedergabe der Schrift und Programm ihrer Benutzung gehören zusammen. So ist es wahrscheinlich, daß Proklos beides nicht als erster eingeführt, sondern übernommen hat. R. Harder, Ocellus Lucanus p. XVIf vergleicht Proklos mit einer Stelle im Proömium von Simplikios' Kommentar zu den Kategorien (CAG 8, S. 2, 21 K.) und hält es durch die Übereinstimmung für bewiesen, daß in beiden Fällen Jamblich die Vorlage ist; der dann in den Einleitungen zum Timaios- und Kategorienkommentar ganz ähnlich formuliert hätte. Nun ist aber nicht zu erweisen, daß Simplikios auf die Einleitung von Jamblichs Kategorienkommentar zurückgreift. Er stellt fest, unter den Zutaten Jamblichs in seinem Kommentar, der meist Porphyrios folge, sei eine sehr nützliche; er habe die Schrift des Pythagoreers Archytas περὶ τοῦ παντὸς herangezogen, ihre Lehren jeweils neben die aristotelischen gestellt, ihre Übereinstimmung mit Aristoteles (τὴν συμφωνίαν τὴν πρὸς αὐτὰ τοῦ 'Αριστοτέλους) festgestellt und auch die wenigen Abweichungen (καὶ εἴ πού τι διάφωνον ἦν — ὀλίγα δὲ ταῦτα —) und habe den Grund für die Abweichung geprüft (μηδὲ τὴν αἰτίαν τῆς διαφωνίας ἀνεξέταστον καταλιμπάνων), naheliegender Weise, da Aristoteles überall Archytas zu folgen bestrebt sei. Die Formulierungen des Simplikios liegen nahe und ergeben sich aus der Sache: Übereinstimmungen, Abweichungen, Gründe dafür; sie können von ihm selber stammen und die bei Jamblich, wie wir aus Simplikios sehen (Harder S. XVI), ausführlich durchgeführten Vergleiche zusammenfassen. Die Formulierungen bei Proklos liegen ebenso nahe, die Übereinstimmung mit Simplikios enthält nichts besonders Charakteristisches (anders τὰ αὐτὰ ἐκείνῳ statt συμφωνία; τίνα δὲ προσέθηκε ohne Parallele). Der Beweis ist also nicht zwingend. Es ist auch merkwürdig, daß, wenn Jamblich dieses Programm aufgestellt und in seinem Timaioskommentar detailliert durchgeführt hat, sich nicht mehr Spuren davon bei Proklos vorfinden, zumal da er den TL an die Spitze gestellt hat. Proklos könnte also bei seinem Programm eines Vergleichs einem andern Modell, z.B. Jamblichs Kommentar zu Aristoteles Kategorien folgen. Es bleibt aber wahrscheinlich, daß Proklos die Zufügung des TL und deren Begründung nicht als erster eingeführt hat, und die äußeren Indizien zusammen mit allgemeinen Erwägungen (vgl. Harder XVIf) legen nahe, daß doch sein Vorgänger Jamblich war.

12b —— 1, S. 7, 18 D. ὁμολογεῖται δὴ παρὰ πάντων, ὅτι τοῦ Πυθαγορικοῦ Τιμαίου τὸ βιβλίον ὁ Πλάτων λαβών, ὃ περὶ τοῦ παντὸς αὐτῷ σύγκειται, τὸν τῶν Πυθαγορείων τρόπον τιμαιογραφεῖν ἐπεχείρησεν.

Proklos will die Eigenart des platonischen Timaios charakterisieren; sie sei, heißt es im Folgenden, eine Mischung von Pythagoreischem und Sokratischem, wie sie auch sonst bei ihm vorkomme. Daß beide Züge im Dialog Timaios vorkommen, sei allgemein zugestanden. Als Beweis für den ersten wird nicht die Titelperson des Dialogs, sondern Platons Anschluß an die Schrift des Timaios gebracht. Er bedarf für Proklos keiner Erörterung mehr, auf den Vers des Timon wird nur angespielt, er führt die Benutzung des TL als allgemein zugestanden ein. Die Stelle nimmt abkürzend die Eröffnung seiner Schrift auf (test. a), 'nach Art der Pythagoreer', dort von Timaios Lokros' Schrift gesagt, gilt, entsprechend dem anderen Argumentationsziel hier, für Platon, umgekehrt war dort τὸ πᾶν Thema des platonischen Dialogs.

12c —— 1, S. 13, 12 D. Τιμαίῳ τε γὰρ τοιοῦτό τι γράμμα περὶ τῆς τοῦ παντὸς ἐγέγραπτο φύσεως, καὶ Παρμηνίδῃ δὲ περὶ τῶν ὄντως ὄντων.

Mit der Gegenüberstellung der beiden Autoren und der Themen ihrer Schriften wird belegt, daß die verschiedenen Hauptthemen der beiden platonischen Dialoge Timaios und Parmenides (τὸ φυσικόν — τὸ θεολογικόν) ihren Titelpersonen entsprechen. Das Thema des TL wird hier entsprechend mit περὶ τῆς τοῦ παντὸς φύσεως umschrieben. Das faßt die Angaben test. a und b zusammen, kommt der ersten Hälfte des Titels, wie ihn Jamblich gibt, nahe und lautet gleich mit Platons Angabe über Timaios' Forschen (περὶ φύσεως τοῦ παντός); diese wird damit als Verweis auf die Schrift des TL verstanden. Anschließend ist Jamblich als Zeuge für die Auffassung genannt, Platons ganze Lehre sei in diesen beiden Schriften enthalten. Wahrscheinlich hat der bereits diese beiden Autoren in diesem Zusammenhang herangezogen.

12d —— *2, S. 101, 7 D. ἔστιν οὖν ὁ ποτὲ ἐσόμενος θεὸς τῷ λόγῳ δηλαδή, καθ' ὃν ὁ μερισμὸς καὶ ἡ σύνθεσις· τοῦτο γὰρ καὶ αὐτὸς ὁ Πυθαγορικὸς Τίμαιος ἐν τῷ ἑαυτοῦ συγγράμματι τοῖς κατακούειν αὐτοῦ δυναμένοις ἐνδεικνύμενος π ρ ὶ ν, φησίν, ο ὐ ρ α ν ὸ ν λ ό γ ῳ γ ε ν έ σ θ α ι, ἦ σ τ η ν ἰ δ έ α τ ε κ α ὶ ὕ λ α κ α ὶ θ ε ὸ ς δ η μ ι ο υ ρ γ ό ς· (94c § 7) ὅτι γὰρ λόγῳ τὴν τοῦ οὐρανοῦ πλάττουσι γένεσιν, ἐδήλωσε διαρρήδην εἰπών.

Proklos bespricht bei der Erörterung von Tim. 34 a8-b3 die

Bedeutung von περὶ τὸν ποτὲ ἐσόμενον θεόν. Nach Attikos meine es keinen zeitlichen Anfang, sondern die Verbindung des Kosmos mit der Zeit, das heißt der Kosmos sei immer in der Zeit, in einer jeweils verschiedenen, er hat nur Teil am ewigen Sein. S. 101, 1ff D. wird eine weitere Deutung zugefügt: jetzt sei erst vom Körperlichen die Rede, später von Seele und Geist, deshalb habe Platon das in der Darstellung (ἐν τῷ λόγῳ) nach Teilen Vorgeführte ποτὲ ἐσόμενον θεόν genannt. Gott stellt alles zusammen hin, die Darstellung nimmt auseinander, was zusammen besteht, läßt also hervorbringen, was nicht hervorgebracht ist, und teilt das Ewige zeitlich ein. ,,Es ist also der einmal seiende Gott, der nämlich <so genannt wird> nach der Darstellung (λόγος), die teilt und zusammensetzt". Dafür wird die Stelle des TL zitiert, mit dem Hinweis, daß sie rechtes Verständnis erfordere. Dies weil der kurze Zusatz λόγῳ nicht ohne weiteres deutlich ist. Dies Betonen des richtigen Hinhörens auf eine pythagoreische Andeutung weist auf eine Vorlage hin, wo das auch sonst eine Rolle spielt, wohl Jamblich. Abschließend heißt es, daß TL mit der Formulierung *klar* zeige, daß sie (die von der Erschaffung sprechen, also Platon im Gefolge des TL und die weiteren) die Entstehung des Kosmos nur in der Darstellung ansetzen; das paßt nicht ganz auf das 'imstande sein hinzuhören' von vorhin, ergibt sich durch das Demonstrationsziel. Die Wortstellung λόγῳ γενέσθαι ist die gleiche wie in N und B^1, gegenüber der umgekehrten in E und B^2, die λόγῳ eher zum Folgenden ziehen läßt. N allein hat ποτ' nach γενέσθαι, entsprechend Platons ὁ ποτὲ ἐσόμενος θεός; Proklos bzw. seine Vorlage kann es fortgelassen haben, da die Aufmerksamkeit auf das λόγῳ gelenkt werden soll, wie auch am Schluß τῶ βελτίονος und der Artikel vor θεός weggelassen sind. Das anzunehmen ist einfacher als ein Zusatz von N, nach Platon.

12e —— *3, S. 138, 4 D. εἰ δὲ δὴ καὶ πρὸς τὸν Πυθαγόρειον Τίμαιον ἀποβλέψαιμεν, ἔτι μᾶλλον οὐκ ἂν ὑπολάβοιμεν κινεῖσθαι τὴν γῆν· λέγει γὰρ κἀκεῖνος τὰν γᾶν ἐν τῷ μέσῳ εἶναι ἱδρυμέναν (97d § 31).

Nur die notwendigen Worte werden ausgehoben, in indirekte Rede umgesetzt (τῷ zugefügt), als Zeugnis gegen die Interpretation des platonischen ἰλλομένην (40b) als Bewegung.

12f —— 2, S. 29, 15 D. διὸ καὶ ὁ Τίμαιος ἁρμονίαν ἐκάλεσε τὴν τοιαύτην σύνδεσιν, ὡς συμμετρίαν ἐντιθεῖσαν τοῖς ἄκροις τῆς πρὸς ἄλληλα κοινωνίας·

Es ist undeutlich, ob auf den Sprecher von Platons Dialog oder auf TL oder auf beide verwiesen ist. Der Terminus findet sich weder bei Platon noch bei TL; er muß abgeleitet sein, entweder aus dem Verb, das am Ende des von Proklos besprochenen platonischen Lemma steht: δύο δὲ ἀεὶ μεσότητες προσαρμόττουσι (32b); Proklos ersetzt es im weitern Verlauf der Erörterung auch durch das in den Platonhandschriften überlieferte συναρμόττουσι (S. 34, 21; 36, 13). Oder aus dem entsprechenden Substantiv bei TL §14: μένει δ' ἐν συναρμογᾷ ἀδιαλύτῳ (ἁρμογή ist im Musikalischen für ἁρμονία gebraucht, s. LScJ unter 5). Das bloße ὁ Τίμαιος bezeichnet eher den Sprecher im Dialog, setzt jedenfalls TL nicht von ihm ab; das Substantiv ἁρμονία scheint sich an TL anzuschließen. Proklos wird eine Vorlage abkürzen, in der das platonische Verb mit dem Substantiv bei TL zusammengebracht und beides als ἁρμονία erklärt war, und zwar als Lehre des 'Timaios'; jedoch braucht diese Vorlage nicht TL beigezogen zu haben.

12g —— 2, S. 188, 9 D. ἐπειδὴ δὲ ὁ Τίμαιος ὁ Πυθαγόρειος ἓξ καὶ τριάκοντά φησιν εἶναι τοὺς τοῦ διαγράμματος ὅρους, καὶ ταῦτα ἄκρους λαμβάνων οὓς καὶ ὁ Πλάτων, τὸν τπδ καὶ τὸν μύρια καὶ τριακόσια καὶ ἑξήκοντα καὶ ὀκτώ, μηδὲν διάφωνον εἶναι θέλοντες †εὕρομεν, ὅπως καὶ οἱ λοιποὶ δύο παρεμβέβληνται. βουλόμενοι γοῦν μὴ μόνον ἐν τῷ διαγράμματι τὸν τοῦ λείμματος ἔχειν λόγον, ἀλλὰ καὶ τὸν τῆς ἀποτομῆς, ἐφώρασαν αὐτὴν δίς, ἔν τε τοῖς πυθμενικοῖς ἀριθμοῖς καὶ ἐν τοῖς τούτων τριπλασίοις μόνοις, καὶ προσθέντες καθ' ἑκάτερον ἕνα ὅρον εἰσήγαγον καὶ ταύτην εἰς τὸ διάγραμμα.

Der Text bei εὕρομεν kann so nicht in Ordnung sein (auch εὕρωμεν Diehl löst die Schwierigkeit nicht). Proklos will ja gerade nicht die völlige Gleichsetzung der Reihe des TL und Platon, also müssen mit θέλοντες andere gemeint sein, nicht er selbst. Die Heilung ist ungewiß. Es wäre etwa eine Lücke anzusetzen θέλοντες <ἦσαν καὶ οὕτως> εὕρομεν. Der Gedanke muß etwa gewesen sein: sie wollten keine Abweichung zwischen Platon und TL, und daher sind die beiden Glieder eingesetzt.

Proklos rekapituliert vorher seine Erörterung, wie nach Platons Angaben die Zahlenreihe für die Gliederung der Weltseele zu bilden ist, und daß die Reihe aus 34 Gliedern besteht. Seine Auseinandersetzung mit dem Ansatz von 36 Gliedern bei Timaios Lokros ist knapp und summarisch gehalten. Er stellt fest, daß die Reihe mit der seines Erachtens von Platon gemeinten übereinstimme bis auf die beiden größeren Halbtöne (ἀποτομαί), daß also die Absicht, neben den kleineren Halbtönen (λείμματα) auch diese vorzufinden, die Einführung von zwei weiteren Gliedern veranlaßt habe. Er lehnt diese beiden Glieder ab, da Platon die Apotome nicht erwähne, und sie nicht in eine diatonische Reihe passe. Proklos behandelt hier Timaios Lokros nicht respektvoll als den ehrwürdigen Vorgänger Platons, sondern eher so, wie er vorher verschiedene Erklärer Platons erörtert hat; 'es wäre lächerlich' (26D.), um der Apotome willen weitere Glieder anzusetzen. Das 'sie', mit dem er im zweiten ausgehobenen Satz 'der Pythagoreer Timaios sagt' fortführt (ἐφώρασαν), macht Timaios Lokros zum Exponenten eines Kreises, mit dem 'die um ihn', aber auch wohl Interpreten Platons, die gleichfalls die 36 Glieder ansetzen, gemeint sind. Diese Formulierung legt nahe, daß Proklos von einer solchen Interpretation außer bei TL wußte. Sie stand z.B. bei Nikomachos, siehe test. 9. Er unterschlägt, daß Platon hier, nach seiner Voraussetzung, TL geändert hat. Das alles führt darauf, daß Proklos sich hier nicht einer pythagoreisierenden Vorlage anschließt, sondern aus eigenem argumentiert. Bei dem Interesse für die Zahlenreihe wird aber TL als Zeuge für die 36 Glieder wohl auch vor ihm diskutiert worden sein; daß die Zahl 36 als solche in der Timaiosdeutung vorkam, zeigt eben der TL. Was lag Proklos vor? Die Anzahl der Glieder und die Ausgangszahl entnimmt er § 21, die Schlußzahl dem Ende der Zahlenreihe § 22 Ende; daß die Zahl der zweiten Apotome das Dreifache der ersten ist, ebenfalls der Zahlenreihe (2187 und 6561). Diese lag ihm vor, stand also in dem Exemplar des TL, das er vorangestellt hat. Ob auch die Erläuterung der Zahlen, wie sie die Handschrift N hat, läßt sich von hier aus nicht bestimmen; man würde einen Verweis des Proklos erwarten, wenn die Erläuterungen auf den Grund für das Auftreten der Apotome an den beiden Stellen eingingen, was aber nicht der Fall ist. Proklos erörtert die Zahlenreihe des TL nicht weiter, sondern umschreibt ihre Übereinstimmung mit der von ihm für richtig, d.h. platonisch gehaltenen nur durch das merkwürdige 'indem wir nichts abweichend sein lassen wollen'. Er gibt weder den Ort an, wo bei TL die Apotomai auftreten, noch stellt er die Frage, warum sie an diesen Stellen auftreten und warum es nur zwei sind (beides läßt sich beantworten, s.S. 68f). Er begnügt sich damit, festzustellen, daß der Wunsch, neben dem kleineren Halbton auch den größeren einzuführen, die zwei weiteren Glieder eingefügt hat. Er behandelt eben, wie schon gesagt, den TL nicht als die Autorität, die er als Vorlage Platons eigentlich sein müßte.

12h —— *2, S. 79, 4 D. ὅθεν ὅ τε Πλάτων ἀπὸ τῆς ὁμοιότητος ἐπεχείρησε τὸ σχῆμα τοῦ παντὸς ὁποῖόν ἐστι δεικνύναι καὶ αὐτὸς ὁ Πυθαγόρειος Τίμαιος ταύτην πρωτίστην ἀποδέδωκεν αἰτίαν τοῦ σχήματος μετὰ τοῦ καὶ φυσικὴν ὑπόμνησιν ποιήσασθαι· μόνα γὰρ ἁ σφαῖρα, φησίν, οἵα τε ἦν ἀρεμέουσα[1]) καὶ κινευμένα ἐν τᾷ αὐτᾷ χώρᾳ συναρμόσασθαι, ὡς μηδέ που ἀπολείπειν μήτ' ἐπιλαμβάνειν ἄλλον τόπον. (95d § 16).

Die Stelle des TL über die Bewegung der Kosmoskugel wird als Beleg für deren ὁμοιότης hier zu Plat. Tim. 33b beigebracht, nicht später zu 34a κατὰ ταὐτὰ ἐν τῷ αὐτῷ καὶ ἐν ἑαυτῷ περιαγαγών, an welche Stelle TL anschließt. Bei TL folgt der Passus auf die Darstellung der Vorzüge der Kugel*form*; sie bot sich also hier bei der Besprechung der Form an. Das Interesse des Vergleichens ist nicht auf das Zusammengehören der Stellen bei TL und Platon gerichtet. Das Zitat paraphrasiert in einzelnen Wörtern; ἄρα μένουσα dürfte eine Korruptel des Archetypus sein, nicht Umschreibung oder Lesart des Proklos (γὰρ—ἄρα). Proklos bringt anschließend Aristoteles bei; im Rückgriff auf eine vorher zitierte Stelle (73, 32 D.), der 'nach diesem' die Eigenart der Kugeldrehung (daß sie immer den gleichen Raum einnimmt) richtig gesehen habe. Ob das 'nach diesem' in einer Vorlage des Proklos Abhängigkeit des Aristoteles von TL anzeigen wollte, läßt sich nicht ausmachen.

12i —— 2, S. 37, 33 D. ἄλλοι δέ τινες, ὡς οἱ περὶ Ὄκελλον, τὸν τοῦ Τιμαίου πρόοδον, δύο δυνάμεις ἑκάστῳ τῶν στοιχείων διένειμον . . ..
S. 39, 19 μόνος δὴ οὖν ὁ Τίμαιος καὶ εἴ τις τούτῳ κατηκολούθησεν ὀρθῶς οὔτε μίαν οὔτε δύο τοῖς στοιχείοις ἀπονέμει δυνάμεις, ἀλλὰ τρισσάς.
Die beiden Stellen gehören zur Besprechung der zwei μεσότητες zwischen den Körpern und zu ihrer Erklärung als zwei oder als drei

[1] ἄρα μένουσα ll.

Eigenschaften der Elemente (S. 36, 20-42, 2 D.). Proklos beruft sich, bevor er selber Stellung nimmt, auf Jamblich, den er referiert (S. 36, 24-37, 14 D.). So ist es sehr wahrscheinlich, daß auch seiner eigenen Stellungnahme für die Dreieigenschaftentheorie Jamblich zugrunde liegt. Beide Theorien spielen auch in sonstiger späterer Timaioserklärung ihre Rolle. Die komplizierte Quellenlage bespricht J. H. Waszink: Studien zum Timaioskommentar des Calcidius. Leiden 1964, S. 74-82. Er nimmt an, daß beide Theorien wohl schon vor dem Timaioskommentar des Porphyrios ihren Platz in der Timaioserklärung hatten, daß sie aber von Porphyrios, der sie nebeneinander gebracht und beide gebilligt habe, in die späteren Erklärungen gekommen seien (S. 80), eventuell z.T. über Numenios. Jamblich seinerseits könnte gegen Porphyrios polemisiert haben. — Das Heranziehen des Okellos und Timaios bei diesen Platonausdeutungen gehört sicher nicht Proklos zu, sondern seiner pythagoreisierenden Vorlage, also wohl Jamblich. Beide sind nebeneinander genannt auch bei Syrian (test. 13a); auch hier wäre Jamblich als Quelle anzusetzen (so R. Harder, Ocellus Lucanus S. 38; Waszink hält es auch für möglich — S. 80 — , daß Numenios die Pythagoreer Okellos und Timaios in diese Erörterung hereingebracht hätte). Da bei Syrian Okellos und Timaios nebeneinander angeführt, bei Proklos aber gegeneinander abgesetzt werden, müssen verschiedene Stellen des vorliegenden Autors (Jamblich?) benutzt sein. Gemeinsam ist beiden Anführungen (bei Proklos genauer 39, 19), daß mit ὁ Τίμαιος zugleich der Autor der Schrift und der Sprecher des platonischen Dialogs und damit der Dialog selbst gemeint ist. Was hat den Vorgänger des Proklos veranlaßt, 'Timaios' als Vertreter der Dreieigenschaftenlehre herauszustellen? Weder im platonischen Dialog (cf. 56c περὶ τε τὰ πλήθη καὶ τὰς κινήσεις καὶ τὰς ἄλλας δυνάμεις) noch im TL liegt für sie ein deutlicher Ansatz vor. Es ist nicht auszuschließen, daß eine andere unter Timaios laufende Schrift hereinspielt. Doch wahrscheinlicher ist es, daß nur diese Auslegung (vgl. das 'wenn einer ihm richtig folgte') als die allein richtige Timaios selber zugeschrieben ist; der Pythagoreer Timaios führt nur wie üblich die platonische Lehre eine Stufe zurück. Wahrscheinlich gehört dann die nur hier anzutreffende Zuordnung von Okellos und Timaios als Vorgänger und Nachfolger in denselben Zusammenhang und zu derselben Quelle: Okellos hat bereits, gegenüber einigen der alten φυσικοί, zwei Eigenschaften der Elemente angesetzt, das Richtige, drei Eigenschaften hat dann

Timaios gefunden. R. Harder (S. 38) möchte Proklos selber für diese Abfolge Okellos-Timaios verantwortlich machen, sein Mißverstehen einer Formulierung, die genau der des Syrian (test. 13a) entspräche. Er hätte falsch interpungiert und verstanden: 'wie es die Schrift des Okellos zeigt, aus der die aristotelische Schrift allem Anschein nach eine Umformung ist wie auch das meiste des Timaios' statt richtig: 'und wie es das meiste des Timaios zeigt'. Es ist aber wenig wahrscheinlich, daß Proklos sich mit einem solchen Mißverständnis zufrieden gegeben hätte, das höchst auffällig auch für ihn 'das meiste des Timaios' eine Umformung der Okellosschrift sein läßt; selbst wenn er 'das meiste des Timaios' als mehrere Schriften des Timaios — von denen er sonst nichts weiß — und nicht seinem sonstigen Gebrauch entsprechend und richtig (s.u. zu test. 13a) als das Meiste der Lehre des Timaios im Dialog Platons (der übereingeht mit Timaios' Schrift) verstanden hätte; zumal da er in diesem Zusammenhang grade mit der Verschiedenheit von Okellos und Timaios operiert. Vielmehr wird wohl schon die Vorlage des Proklos, wahrscheinlich Jamblich, Okellos und Timaios zu Archegeten der beiden Theorien und Okellos zum Vorläufer des Timaios und seiner Dreieigenschaftenlehre gemacht haben.

Ein Verwenden des TL ohne ausdrückliches Zitat gibt es, soviel ich sehe, bei Proklos nicht [1]).

Syrian

13a *Syrianus* in metaph. CAG 6, 1 S. 175, 5 Kroll ὀρθῶς ἄρα καὶ ταύτην ἐνίσταντο τὴν ζήτησιν (die Pythagoreer) καὶ τὴν αἰτίαν παρεδίδοσαν τοῦ πλήθους τῶν ὄντως ὄντων, καὶ οὔτε πρός τι τὴν ἑτέραν ἐποίουν τῶν ἀρχῶν οὔτε τὸν περὶ τῶν αἰσθητῶν λόγον πάντη παρελίμπανον, ὡς δηλοῖ τὰ Ἐκέλλου μὲν Περὶ τᾶς τῶ παντὸς φύσιος, ἐξ ὧν τὰ Περὶ γενέσεως καὶ φθορᾶς μονονουχὶ μεταβεβλῆσθαι δοκεῖ, τοῦ Τιμαίου δὲ τὰ πλεῖστα, καθ' ὃν ἡ περιπατητικὴ φιλοσοφία τὰ πολλὰ φυσιολογεῖ (θεολογεῖ Usener).

---

[1] Die beiden von E. Diehl im Apparat und Index seiner Ausgabe angeführten Stellen (2 S. 63, 1; 3 S. 141, 22 D.) benutzen weder Formulierungen des TL noch nötigen sie inhaltlich, ihn vorauszusetzen; das braucht hier nicht vorgeführt zu werden. Sie sind also im Index von Diehl zu streichen.

Syrian verteidigt die Pythagoreer gegen zwei Vorwürfe des Aristoteles: sie hätten das Prinzip der intelligiblen Vielheit relativiert und die Untersuchung der Sinnendinge (hinsichtlich des Prinzips der Vielheit) ganz außer Acht gelassen. Gegen den zweiten Vorwurf (der Beleg geht nur auf ihn, vgl. R. Harders Besprechung der Stelle Ocellus 36f) führt er zwei pythagoreische Zeugen an, die mit Titel genannte Schrift des Okellos und 'das Meiste des Timaios'. Beides wird in Beziehung zu Aristoteles gesetzt: Okellos' Schrift sei die Vorlage von Aristoteles' Schrift Περὶ γενέσεως καὶ φθορᾶς und aus Timaios habe der Peripatos den größten Teil seiner Naturlehre genommen. Mit einer Spitze werden also zwei Pythagoreer herausgesucht, die als Vorlagen von Aristoteles in besonderem Maße das Unberechtigte seiner Vorwürfe zeigen. Harder a.O. macht wahrscheinlich, daß Jamblich die Quelle für diese bissige Formulierung und damit die Kombination Okellos — Timaios ist. Was ist nun aber 'das Meiste des Timaios'? Nach dem Zusammenhang ist Timaios als Pythagoreer gemeint; er ist aber nicht als solcher bezeichnet, d.h. er ist nicht abgesetzt von dem Timaios des Platon. Daß hinsichtlich der erhaltenen Schrift TL von ihrem größten Teil gesprochen würde, muß bei ihrem mageren Umfang ausscheiden. Also wäre an mehrere Schriften unter dem Namen des Timaios Lokros gedacht und wir hätten hier ein klares Zeugnis für das Vorhandensein von mehreren solchen Schriften? So versteht Harder, zögernd, 37 A 1: „Wenn Syrian sagt τοῦ Τιμαίου δὲ τὰ πλεῖστα, so kann das (vgl. das parallele τὰ 'Εκέλλου μὲν περὶ τᾶς τοῦ παντὸς φύσιος) nicht gut anders als von mehreren Schriften verstanden werden. Aber es gab außer dem erhaltenen Werk andere, wie vor allem das Clemenszitat (Strom. V 116) beweist, das Anton, de origine lib.... 24 vergeblich wegzuräumen sucht", ohne eine andere Möglichkeit zu erörtern. Es wäre aber sehr merkwürdig, wenn hier und nur hier so selbstverständlich von mehreren Schriften des Timaios Lokros gesprochen wäre, deren Bekanntschaft vorausgesetzt wäre; sonst ist bei Syrian wie den andern Zeugen Timaios Lokros der Autor der einen bekannten Schrift. Mit Timaios ohne weitere Kennzeichnung kann aber auch der Sprecher des platonischen Dialogs gemeint sein; er wird dann von dem Verfasser der Schrift nicht geschieden, das heißt zugleich, auch die beiden Schriften werden nicht geschieden. Aufgelöst bedeutet es also: daß die Pythagoreer die Untersuchung der Sinnendinge hinsichtlich des Prinzips der Vielheit nicht vernachlässigt haben, zeigt der größte Teil des platonischen Timaios, welcher Dialog die echte pythagoreische Lehre des Timaios bringt (wie die Übereinstimmung Platons mit dem TL zeigt). Der Pythagoreer Timaios als historische Person kann sozusagen als Autor der platonischen Schrift fungieren, da in ihr seine Lehre dargestellt wird. Der platonische Anteil ist in diesem Zusammenhang uninteressant. Umgekehrt wird an einer anderen Stelle bei Syrian die Wahl des Sprechers Timaios im Dialog als Zeichen dafür gewertet, daß Platon weiß, daß hier ältere, nicht sokratische Lehre vorgetragen wird, genauer, daß der Pythagoreer Timaios spricht: (S. 105, 12 Kr.) καὶ οὐδὲ ἀπὸ Σωκράτους ἦρχθαι ταύτην τὴν θεωρίαν φησὶ ὁ φιλόσοφος (Platon), ἀλλ' ἄνωθεν ἀπὸ Πυθαγόρου καὶ τῶν ἀρχηγετῶν τοῦ Ἐλεατικοῦ διδασκαλείου. ὅ τε γὰρ Τίμαιος Πυθαγόρειος ὢν οὐκ ἀλλαχόθεν διακοσμεῖ τὴν γένεσιν ἢ ἀπὸ τῶν εἰδῶν τῶν χωριστῶν . . . ὅ τε Παρμηνίδης . . .ἔν τε τῷ Σοφιστῇ . . . Auch hier ist Platons Anteil von dem des 'historischen' Timaios nicht geschieden, was sich bei der Anerkennung der Fälschung anbietet; allerdings ist Timaios hier vorwiegend als Vermittler der Lehre des Pythagoras interessant. — Warum ist aber vom 'Timaios' der größte Teil herausgehoben? Weil er sich nicht ganz mit den Sinnendingen beschäftigt. Ausführlicher ist eine solche Scheidung im Proömium von Proklos' Timaioskommentar entwickelt, in einer Gegenüberstellung von Parmenides und Timaios, für die der gleich nachher in diesem Zusammenhang genannte Jamblich wohl Vorlage ist (1 S. 13, 5ff D., siehe test. 12c): der Parmenides befaßt sich mit den νοητά, der Timaios mit den ἐγκόσμια, aber der erste übergeht das Innerweltliche, der zweite das Intelligible nicht ganz, weil beides als Vorbild und Abbild zusammengehört; jedoch gehört der größte Teil (πλεονάζει ὁ μὲν . . . ὁ δὲ) beim ersten dem θεολογικόν, beim zweiten dem φυσικόν, entsprechend den Schriften der beiden Titelpersonen. — Eine so abgekürzte, komplexe Ausdrucksweise, wie sie oben für den Verweis auf Timaios angesetzt wurde, hat keine genaue Parallele unter den Zeugnissen, doch liegt sie unter der Voraussetzung der Echtheit des TL nahe; vielleicht war die Vorlage etwas deutlicher. Daß Jamblich es war, der Okellos und Timaios als Vorgänger auch des Aristoteles herangezogen hat, hat Harder (36f) wahrscheinlich gemacht. Wenn aber, wie ich meine, TL und Platons Timaios hier zusammengefaßt sind, kann man nicht mit Harder als Argument für Jamblich anführen, daß „Abhängigkeit des Aristoteles von Tim. Locr." nur von einem „Kenner des Aristoteles" nachgewiesen werden konnte,

„der Timaios sehr genau gelesen hatte". Die allgemeinere Behauptung, daß die Naturlehre des Peripatos weitgehend vom (platonischen) Timaios abhänge, wird älteres Gemeingut sein. Die Stelle kann also nicht oder nur mit sehr geringer Wahrscheinlichkeit als Zeugnis für die Kenntnis mehrerer Schriften unter dem Namen Timaios Lokros herangezogen werden.

13b —— S. 102, 6 Kr. (Wenn man mit den echten Lehren der Pythagoreer umgeht, wird man klar wissen . . .) ὅτι τοὺς κυρίους μαθηματικοὺς λόγους ἡ τῆς ψυχῆς οὐσία πλήρωμα ἑαυτῆς ποιεῖται, καθὰ καὶ Πλάτων καὶ πρὸ Πλάτωνος Τίμαιος ὁ Πυθαγόρειος ἀνέδειξε (TL 96a § 19ff).

Die Zahlenreihe, das Stück, wo TL ausführlicher ist als Platon, findet besonderes Interesse (vgl. test. 9; 12g).

Simplikios

14 *Simplicius* verweist häufiger auf Timaios Lokros, und zwar in den Kommentaren zu Aristoteles' de caelo und zur Physik; in denen zu den Kategorien und de anima nennt er ihn nicht, obwohl im letzteren Platons Timaios öfters beigezogen wird. Die Art seiner Verweise ist in den beiden Büchern verschieden: zu de caelo zitiert er TL wörtlich oder referiert ihn, indem er ihn mit Platons Timaios zusammennimmt; zur Physik zitiert er nur eine Stelle, wo Platon und Aristoteles in verschiedener Weise auf ihn zurückgingen, sonst nennt er ihn nur, als Vorgänger Platons. Als solcher, aber zur Ergänzung Platons wird TL auch zu de caelo beigezogen. Hier kommen Zitate und Referate bis auf eins (test. h) aus einem zusammenhängenden Stück des TL, das von der Sonderstellung der Erde bis zur Bildung der regelmäßigen Körper und ihrer Zuordnung zu den Elementen geht, § 31-35. Die Darstellung der drei Prinzipien, Hyle, Eidos, Elemente und deren Bildung aus Körpern, TL § 32-33 wird viermal benutzt: zweimal wird der gleiche Text, das eine Mal einige Worte länger, wörtlich zitiert (test. a.b), zweimal wird er referiert (test. c.d; auch die Verweise im Kommentar zur Physik beziehen sich auf dies Stück); der Passus über die Erde § 31 wird zweimal in verschiedener Auswahl zitiert (test. e.f). Einmal zitiert ist nur der Passus über die Eigenschaften des Körpers des Wassers (test. g).

Daß an verschiedenen Stellen und mit variiertem Belegziel auf einen so engbegrenzten Ausschnitt aus TL zurückgegriffen wird, macht es sehr wahrscheinlich, daß bei Simplikios überall die gleiche Vorlage zugrunde liegt, in der das Stück aus TL von Platons Timaios abgesetzt war. Simplikios hat, unter Benutzung dieser Vorlage, wohl den Text des TL selber beigezogen, wofür der wechselnde Umfang von Zitat und Referat spricht, und daß er test. h, m und n auch § 6.7.13 benutzt. Diese Vorlage wird ein Abschnitt eines Kommentars von Platons Timaios gewesen sein; in ihm waren Platon und TL detailliert verglichen. Das wird dann im ganzen Kommentar der Fall gewesen sein. Ein solcher Vergleich ist zu Beginn von Proklos' Kommentar zum Timaios als Programm aufgestellt, aber von Proklos selber nur in schwachen Ansätzen vorgeführt. Die Behandlung des Absatzes aus TL bei Simplikios geht aber mit diesem Programm überein, beides weist auf die gleiche Vorlage. Daß diese Vorlage der Timaioskommentar des Jamblich gewesen ist, wird dadurch sehr wahrscheinlich, daß Jamblich das gleiche Verfahren in einem andern Kommentar angewendet hat, in dem zu den Kategorien, wo er die Schrift des Archytas detailliert verglichen hat (Simpl. CAG 8 S. 2, 9ff; Harder a.O. XVI). Harders Rückschluß auf Jamblich aus dem Vergleich der Formulierungen bei Proklos und Simplikios (der sie aus Jamblich übernommen hatte), wahrscheinlich, wenn auch nicht zwingend (vgl. test. 12a), wird durch die Art, wie Simplikios TL verwendet, ergänzt und gestützt.

Ich führe die Verweise im Folgenden auf, gehe auf den Zusammenhang nur in einzelnen Fällen ein.

Kommentar zu de caelo (CAG 7 ed. Heiberg)

14a * S. 564, 3 καὶ αὐτὸς δὲ ὁ Τίμαιος ἐν τῷ οἰκείῳ συγγράμματι τόδε γέγραφεν. (Zitat von ἀρχαί bis ἡμιτετράγωνον s. zu 97e § 32.33), καὶ ἑξῆς λοιπὸν τὴν τῶν τριγώνων διαφορὰν παραδοὺς τὰ τέσσαρα σχήματα ἐξ αὐτῶν συντίθησιν, ἃ τοῖς τέτρασι στοιχείοις ἀποδίδωσι.

14b * S. 641, 9 ὅτι μέντοι ἐξ ὕλης καὶ εἴδους τὰ τέσσαρα ταῦτα στοιχεῖα λέγουσι γίνεσθαι, δηλοῖ μὲν συντόμως αὐτὸς ὁ Τίμαιος (vorher 640, 32 ἐν οἷς τὰ τῷ Πυθαγορικῷ Τιμαίῳ δοκοῦντα γέγραφεν ὁ Πλάτων) εἰπὼν (Zitat von ἀρχαί bis τοῦτο δὲ ἐκ τριγώνων, dem Belegziel entsprechend etwas kürzer als a, s. zu 97e § 32.33) ἀρχοειδέστερον τοῦ σώματος τὸ ἐπίπεδον λαβὼν καὶ ἐν τῷ ἐπιπέδῳ τὸ τρίγωνον. Das Referat, das die Argumentation selber sprechen läßt, geht noch zwei Sätze weiter.

Es soll belegt werden, daß die Flächen als Grundelemente der Bildung der verschiedenen Körper und damit Elemente Hyle und Eidos vereinigen und beides voraussetzen. Die Stelle des TL ist zitiert und referiert, weil sie die Elemente in einen planen Zusammenhang mit den beiden andern Prinzipien bringt, die in Abweichung von Platon ὕλη und εἶδος benannt werden, und den Aufbau der Elemente, der bei Platon umständlich vorbereitet wird, übersichtlich zusammenfaßt. Der Vergleich mit Platon wird nicht vorgeführt, liegt aber der Auswahl dieser Stelle zugrunde (vgl. test. g). In a folgt (564, 10), daß Jamblich mit andern Platonexegeten diese Naturlehre (φυσιολογία) unter Verwendung der Körper (d.h. ihr nicht rein mathematisches Verständnis) symbolisch verstanden wissen wollte und dementsprechend Platons Timaios auslegt. Er wird also der TL-Stelle ein besonderes Gewicht in seinem Timaioskommentar gegeben haben, durch ihn ist Simplikios auf sie aufmerksam gemacht worden [1].

14c S. 561, 10 τοιαύτη δέ τίς ἐστιν ἡ τοῦ Πυθαγορικοῦ Τιμαίου φυσιολογία, ἣν καὶ ὁ Πλάτων ἐν τῷ ὁμωνύμῳ διαλόγῳ παραδέδωκεν. δύο γὰρ τρίγωνα ὑποθέμενοι, τὸ μὲν σκαληνὸν ἥμισυ ἰσοπλεύρου τριγώνου καὶ διὰ τοῦτο ἡμιτρίγωνον λεγόμενον, τὸ δὲ ἰσοσκελὲς ὀρθογώνιον, ἐκ τούτου μὲν συνιστῶσι . . . (Würfel, Pyramide, Oktaeder, Ikosaeder, Zuordnung der Elemente, Sonderstellung der Erde).

---

[1] Ein Textproblem der beiden Zitate sei kurz besprochen. Statt (ὡς μὲν ὑποκείμενον) ἁ ὕλα haben die Simplikios-Hss an beiden Stellen ἄυλα: der Dialekt machte bei der Worttrennung Schwierigkeiten und führte zur unsinnigen Lesung ἄυλα; Simplikios las natürlich ἁ ὕλα (vgl. 564, 2 das vorangehende . . . τὴν ὕλην πρότερον παραδόντες διεσχηματίσθαι ταύτην εἴδεσι . .). Entsprechend ist die zweite Stelle zu beurteilen: ἀπογεννάματα δὲ τουτέων ἐστὶ τὰ σώματα . . . ὧν ἁ γέννασις τοιαύτα· In b bieten alle alten Hss des Simplikios ἀπογέννασις (-ωσις A), in a AF ἀπογέννασις (-ωσις A), D ἁ γέννασις, E γέννασις. Für den Text des TL ist ἁ γέννασις vorzuziehen, das auch E N (ἡ γένεσις) haben; denn in der folgenden Ausführung spielt die Zurückführung auf Hyle und Eidos keine Rolle mehr, sondern es geht nur um die Bildung der vier Elementenkörper aus Flächen (∼ Platon 54d οἷον δὲ ἕκαστον αὐτῶν γέγονεν εἶδος). Simplikios muß an beiden Stellen das Gleiche gelesen haben; dann wohl ἁ γέννασις, das für a durch zwei Handschriften bezeugt ist. Denn die Schreibung ἀπογέννασις läßt sich aus ἁ γέννασις ableiten, nicht umgekehrt: bei der Worttrennung ist der Dialekt mißverstanden und aus dem vorhergehenden ἀπογεννάματα das α zu ἀπο aufgelöst worden. Es ist Zufall, wenn der gleiche Fehler unabhängig in der TL-Überlieferung bei B auftritt.

Simplikios erläutert die τινές des Aristoteles (298 b 33), die die Bildung und Umbildung jedes Körpers auf die Flächen zurückführen. Zu diesem allgemeinen Zweck genügt ein Referat, das TL und Platon zusammenfaßt (Tim. 53c-55c, TL § 33-35). TL ist nicht nur als Vorgänger genannt, sondern beim Referat auch mit benutzt (τὸ μὲν σκαληνὸν — λεγόμενον ~ TL § 33 τοῦτο δ' ὧν τὸ τρίγωνον ἁμιτρίγωνόν ἐστιν ἰσοπλεύρω τριγώνω; der Terminus ἡμιτρίγωνον findet sich nicht bei Platon; τὸ δὲ ἰσοσκελὲς ὀρθογώνιον ~ TL § 33 τὸ μὲν ὀρθογώνιον ἰσοσκελὲς ἡμιτετράγωνον; das Folgende ist freiere Wiedergabe, ohne besondere Anklänge an TL).

14d S. 638, 26-639, 12. Zur Verdeutlichung der folgenden Erörterung über die Rolle der Grundflächen bei Aufbau und Zusammenhang der Elemente gibt Simplikios zuerst ein längeres Referat der Lehre, das dem von test. c ähnlich, aber etwas ausführlicher ist. Später folgt dann zum Beleg in einer einzelnen Frage das Zitat test. b. Daß es die Lehre des TL und Platons ist, wird hier nicht neu ausgesprochen. Zeile 31 wird aber ὁ Τίμαιος genannt, mit dem hier TL gemeint ist. καὶ ἀπὸ μὲν τοῦ ἰσοσκελοῦς τριγώνου, ὃ καὶ ἡμιτετράγωνον ὁ Τίμαιος καλεῖ, . . . ; der Terminus nur bei TL (§ 33 ὧν τὸ μὲν ὀρθογώνιον ἰσοσκελὲς ἡμιτετράγωνον). Wie bei test. c ist das ganze Referat aus TL und Platon gemischt, in den ersten beiden Sätzen schließt sich Simplikios näher an TL an (so: ὁ καὶ ἡμιτρίγωνον λέγουσιν [= TL] διὰ τὸ εἶναι αὐτὸ ἥμισυ ἰσοπλεύρου τριγώνου τῇ ἀπὸ τῆς κορυφῆς ἐπὶ τὴν βάσιν καθέτῳ δίχα διαιρουμένου ~ TL § 33 τοῦτο δ' ὧν τὸ τρίγωνον ἁμιτρίγωνόν ἐστιν ἰσοπλεύρω τριγώνω, δίχα τετμαμένω καθέτῳ ἀπὸ τᾶς κορυφᾶς ἐς τὰν βάσιν ἐς ἴσα μέρεα δύο).

14e * S. 517, 22 . . . δηλοῖ δὲ καὶ τὸ Τιμαίου ῥητόν, ὅπερ ὁ Πλάτων ἐν τούτοις (Tim. 40b γῆν δὲ τροφὸν μὲν ἡμετέραν, ἰλλομένην δὲ περὶ τὸν διὰ παντὸς πόλον τεταμένον φύλακα καὶ δημιουργὸν νυκτός τε καὶ ἡμέρας ἐμηχανήσατο πρώτην καὶ πρεσβυτάτην θεῶν, ὅσοι ἐντὸς οὐρανοῦ γεγόνασιν, von Simplikios vorher 517, 7 zitiert) παρέξεσεν (cf. test.f), οὕτως ἔχον· γᾶ δὲ ἐν μέσῳ ἱδρυμένα ἑστία θεῶν ὅρος τ' ὄρφνας καὶ ἀῶς[1]) γίνεται δύσιάς τε καὶ ἀνατολὰς γεννῶσα κατὰ ἀποτομὰς τῶν ὁριζόντων· πρεσβίστα δὲ ἐντὶ τῶν ἐντὸς ὠρανῶ σωμάτων. εἶτα ὀλίγα εἰπὼν περὶ τῶν ἄλλων στοιχείων ἐπάγει· ὥστε ῥίζα πάντων καὶ βάσις τῶν ἄλλων ἁ γᾶ καὶ ἐρήρειστaι ἐπὶ τᾶς αὐτᾶς ῥοπᾶς[2]) (97d § 31).

[1] ἀοῦς Fc ἄγος A luminis b αὐγᾶς scr. Heiberg [2] ἐπὶ τὰς αὐτὰς ῥοπάς AFb (= ll)

TL wird zitiert, um als Vorlage Platons die Interpretation des ἴλλεσθαι als Bewegung der Erde als falsch zu erweisen. Der Satz πρεσβίστα δὲ ... wäre zu diesem Zweck nicht nötig, er wird wohl beigebracht, um die Ähnlichkeit und damit Abhängigkeit der platonischen Formulierung weiter zu belegen, die dem Zeugnis des TL Gewicht gibt. Ausgelassen ist der Relativsatz zu ὁριζόντων, da er zum Belegziel nichts beiträgt, aus gleichem Grund, aber mit Erwähnung, ist der Satz über die Abhängigkeit der andern Elemente von der Erde übergangen [1]).

14f * S. 646, 4 τοῦ δὲ πρεσβυτάτην εἶναι τὴν γῆν τῶν ἐντὸς οὐρανοῦ ὁ μὲν Πλάτων οὐκ εἶπεν τὴν αἰτίαν, ὁ δὲ Τίμαιος αὐτὸς ἐν τῷ συγγράμματι, ὅπερ ὁ Πλάτων παρέξεσεν, οὕτως ἔγραψε περὶ τῆς γῆς· πρεσβίστα — βάσις τῶν ἄλλων ἁ γᾶ (97e § 31).

Der 2. Satz des Zitats bringt das in test. e übergangene Stück. Es wird ausdrücklich festgestellt, daß die Begründung für die ehrwürdige Stellung der Erde ein Stück ist, wo TL mehr hat als Platon, es ist also genau verglichen worden. Auffällig ist, daß von der ganzen Schrift des TL gesagt ist, Platon habe sie 'nachgebildet', 'nachgeahmt'; der Ausdruck paßt besser für einen einzelnen Passus, wie er in test. e verwendet wird; er wird in der Vorlage des Simplikios wie in test. e verwendet gewesen sein und von Simplikios in diesem Teil des Vergleichs verallgemeinert sein.

14g * S. 573, 6 καὶ γὰρ καὶ ὁ Τίμαιος αὐτὸς διὰ τὸ πλῆθος τῶν ἐπιπέδων βαρύτερα γίνεσθαι τὰ σώματά φησι λέγων· τρίτον δὲ τὸ εἰκοσάεδρον, βάσεων μὲν εἴκοσι, γωνιῶν δὲ δώδεκα, ὕδατος στοιχεῖον, πολυμερέστερον καὶ βαρύτερον (98d § 35). καὶ ὁ τοῦ Πλάτωνος δὲ Τίμαιος ἐλαφρότατόν φησι τὸ ἐξ ὀλίγων συνεστὼς τῶν αὐτοῦ μερῶν (Tim. 56b).

---

[1] Beide Simplikioshss bieten ὅρος (ὁροστορφὰς A) wie die TL-Hss. Die Korruptel des von Valckenaer glänzend hergestellten ὦρος (dor. Form von οὗρος Wächter; φύλαξ Platon) wird vor Simplikios liegen, der gleiche Fehler kaum unabhängig in beiden Überlieferungssträngen aufgetreten sein.

Dies ist dagegen der Fall bei der Verderbnis von ἀῶς zu ἀγός, die in beiden Strängen auftritt (ἀῶς N ἀοῦς Simpl. F: ἀγός B¹E (ἄγος Simpl. A). — καὶ vor ἐρήρεισται haben die Hss des Simplikios, es fehlt in denen des TL; daß Simplikios es las, wird nahegelegt durch das Fortlassen des Schlusses in test. f, das Simpl. näher lag, wenn dieser Teil durch καὶ angefügt war.

Wie in test. a-c wird TL beigezogen, um die pythagoreische Ansicht von den Flächen der regulären Körper als nicht rein mathematischen Gebilden, sondern als φυσικά und ἔνυλα zu belegen; in test. c und a ist das vor dieser Stelle ausgeführt. Hier wird ein Passus aus TL zitiert, der im Referat vorher (test.c) übergangen war. Die Auswahl des Zitats beruht auf genauem Vergleich mit Platon, dessen entsprechende Stelle anschließend angeführt wird. Im Timaios wird der Pyramide des Feuers bei ihrer geringsten Flächenzahl unter anderm größte Leichtigkeit zugesprochen, das Entsprechende den beiden andern Elementen Luft und Wasser, im TL ist umgekehrt das Gewicht nur beim vielteiligsten Körper des Wassers genannt. Die knappe TL-Stelle ist gewählt, weil TL diese Ansicht als pythagoreisch ausweist [1]).

14h S. 586, 1 ἐκεῖνοι (die um Demokrit) γὰρ ἀεὶ βίᾳ κινεῖσθαι (die Atome) ἔλεγον καὶ κόσμου ὄντος, ἀλλ' οὐ πρὸ τῆς κοσμοποιίας μόνον, ὡς Τίμαιος ἔγραψεν (∼ TL § 7).

Simpl. hat vorher die Schrift des TL wiederholt erwähnt (z.B. test. a), sodaß er hier abgekürzt auf sie verweisen kann; TL sagt über die Unordnung der Bewegung vor der Schöpfung etwas mehr als Platon (30a); deshalb setzt Simplikios ihn statt Platons Ti-

---

[1] πολυμερέστερον καὶ βαρύτερον. Die Haupthss des TL bieten die Komparative; in der Simplikiosüberlieferung steht der erste Komparativ in AE b (b = Vorlage des Wilhelm von Moerbeke), während D πολυμερέστατον hat, der zweite in A b; das zweite Glied (καὶ βαρ.) fehlt in DE, wahrscheinlich aus Konjektur. Die recc. und die Vulgata des TL haben in beiden Fällen den Superlativ hergestellt. Sachlich ist es klar: Das Ikosaeder ist von allen vier Körpern der vielgliedrigste, aber nur von den letzten drei, die aus dem selben Stoicheion aufgebaut sind, der schwerste; die Erde ist schwerer (§ 34 βαρύτατόν τε καὶ δυσκίνατον ἁ γᾶ). Man könnte erwarten, daß dieser verschiedene Bezug auch irgendwie ausgedrückt ist. Also entweder πολυμερέστατον (entsprechend dem λεπτομερέστατον vorher bei der Pyramide des Feuers) καὶ <τούτων> (= von diesen dreien) βαρύτατον oder . . . καὶ βαρύτερον τούτων oder einfach . . . καὶ βαρύτερον. Recc. und Vulgata des TL haben in beiden Fällen den Superlativ, ohne Zusatz im zweiten Glied, konjiziert; das ist hart, nachdem vorher vom βαρύτατον der Erde gesprochen war. Da es wenig wahrscheinlich ist, daß in beiden Überlieferungen unabhängig die schwierigere Lesart des Komparativs eingedrungen ist, während die Herstellung des ersten Superlativs bei Simplikios D nahe liegt, und da Parallelität des Ausdrucks erwünscht ist, wird man wohl die beiden Komparative für TL und auch für das Simplikioszitat (die Ausgabe von Heiberg setzt die zwei Superlative ein, obwohl der 2. nicht überliefert ist), anerkennen müssen; der zweite hat dann den ersten nach sich gezogen, um der Gleichordnung willen: vielteiliger und <damit> schwerer <als die beiden andern>.

maios ein, über den vorher gehandelt wird (im Aristoteleslemma 300 b 17 καθάπερ ἐν τῷ Τιμαίῳ γέγραπται).

Kommentar zur Physik (CAG 9.10 ed. Diels)

An den vier Stellen, an denen der Pythagoreer Timaios nur genannt wird, geht es um die Lehre von den Elementen, also den gleichen Komplex, auf den sich die Zitate und Referate im Kommentar zu de caelo (bis auf test. h) beziehen. Die Schrift des TL wird nicht eigens erwähnt, TL und Platon im Timaios werden als Vorgänger und Nachfolger zusammengefaßt, ihre gemeinsame Lehre wird doxographisch mit andern in Beziehung gebracht.

14i S. 7, 6 (Daß Anaxagoras so wenig Gebrauch vom νοῦς als schöpferischer Ursache macht, ist vielleicht garnicht so seltsam) καὶ γὰρ ὁ Τίμαιος αὐτός τε καὶ ὃν ὁ Πλάτων ὑπεκρίνατο (cf. Simpl. de anima CAG 11 Hayduck S. 40, 5 ὁ Πλάτων Πυθαγόρειον ἄνδρα τὸν Τίμαιον ὑποκρινάμενος) haben eine Endursache eingesetzt, trotzdem aber die Körperwelt von der Beschaffenheit der Elemente bedingt sein lassen. Platons Fortschritte über Pythagoreer und Eleaten; Aristoteles.

14j S. 7, 25 (Im gleichen doxographischen Zusammenhang des Proömiums) Aristoteles hat die vier Elemente aufgelöst und die Beschaffenheit der Körper in Stoff und Form zerlegt ὡς πρὸ αὐτοῦ Πλάτων καὶ πρὸ τοῦ Πλάτωνος ὁ Πυθαγόρειος Τίμαιος, die die Elemente und die Flächen ihrer Körper zusammenhängend sein ließen und Hyle und Eidos als Grundprinzipien setzten.

Timaios wird hier ähnlich wie test. 13a zum Vorgänger des Aristoteles, aber über Platon; TL ist nur Vorverlegung des platonischen Timaios.

14k S. 31, 24 ᾧ (Empedokles) καὶ ὁ Πλάτων κατακολουθῶν, ἢ πρὸ τοῦ Πλάτωνος ὁ Τίμαιος (Platon hat den Widerstreit in der sinnlichen Welt mit Ansetzung der Ideen der vier Elemente im Weltmodell begründet).

14l S. 35, 22 Οἱ δὲ περὶ τὸν Λεύκιππόν τε καὶ Δημόκριτον καὶ τὸν Πυθαγορικὸν Τίμαιον stehen mit Anaxagoras nicht im Widerspruch hinsichtlich der vier Elemente als Prinzipien der zusammengesetzten Körper. Die Pythagoreer und Platon und Aristoteles suchten wegen des Übergangs der Elemente ineinander eine zurückliegendere Ursache. Und so haben (28) ὁ μὲν Τίμαιος καὶ ὁ τούτῳ ἀκολουθῶν Πλάτων die Flächen und Körper angesetzt, die um Leukipp und Demokrit die Atome.

Die 'um Timaios' sind also TL, Platon (Timaios) und z.T. Aristoteles.

14m1 * S. 227, 18 ἰστέον μέντοι ὅτι τὸ κατὰ ἀναλογίαν ἀπὸ τοῦ Πυθαγορικοῦ Τιμαίου μετήγαγεν ὁ Ἀριστοτέλης, ὥσπερ ὁ Πλάτων τὸ νόθῳ λογισμῷ ληπτόν (52b). λέγει γὰρ οὖν ὁ Πυθαγορικὸς Τίμαιος ἐν τῷ οἰκείῳ συγγράμματι· τὰν δὲ ὕλαν λογισμῷ νόθῳ τῷ [1]) μηδέπω κατ' εὐθυωρίαν νοεῖσθαι, ἀλλὰ κατὰ ἀναλογίαν (94b § 6).

14m2 S. 229, 2 τὴν δὲ ὕλην ὁ μὲν Πλάτων νόθῳ λογισμῷ ληπτήν φησιν· ὁ δὲ Ἀριστοτέλης καὶ πρὸ αὐτοῦ Τίμαιος ὁ Πυθαγορικὸς κατὰ ἀναλογίαν μόνον.

Ab S. 226, 17 wird erörtert, daß der Erkennbarkeit der Hyle κατὰ ἀναλογίαν bei Aristoteles eine solche λογισμῷ νόθῳ bei Platon gegenüberstehe; der aristotelischen Bestimmung wird der Vorzug gegeben. Abschließend wird angefügt, daß beide Termini vom Pythagoreer Timaios genommen sind, was mit dem Zitat belegt wird. In der abgekürzten Wiederholung S. 229, 3 wird aber TL mit Aristoteles zusammengefaßt, die beide das 'bloß nach der Analogie' verträten. Das 'bloß' trifft für TL nicht zu. Eine solche Bevorzugung des κατ' ἀναλογίαν gegen λογισμῷ νόθῳ im Text des TL widerspricht dem Zusammenhang bei TL; dort ist bei τὰν δ' ὕλαν νόθῳ λογισμῷ aus dem Satzanfang γνωρίζεσθαι zu ergänzen, νοεῖσθαι hängt von διὰ τὸ [2]) ab und gehört auch zu κατὰ ἀναλογίαν (also:

---

[1] τῷ F διὰ τὸ DE.

[2] διὰ τὸ (μηδέπω): von den TL-Hss bietet es N, τῷ (μήπω) haben BE. Beide Lesarten auch in den Simplikios-Hss: διὰ τὸ DE τῷ F. Die Lesart mit τῷ macht μηδέπω κατ' εὐθυωρίαν zur Apposition von λογισμῷ νόθῳ, paßt also besser zur Auslegung, die Simplikios dem Zitat in der Wiederholung S. 229, 2 gibt; ich setze sie daher bei Simplikios ein. Das Auftreten der beiden Lesarten

'der Stoff wird erkannt durch unechten Schluß, weil er noch nicht direkt, sondern nach Analogie gedacht wird'). νόθῳ λογισμῷ ist also der übergeordnete Terminus. Wird das Zitat aber isoliert, kann es verstanden werden: 'der Stoff wird durch unechten, weil noch nicht direkten Schluß gedacht, vielmehr (= richtiger) nach Analogie'. Durch die falsche Beziehung des νοεῖσθαι wird falsch interpungiert und so κατὰ ἀναλογίαν dem λογισμῷ νόθῳ statt κατ' εὐθυωρίαν gegenübergestellt. Damit erhält das κατὰ ἀναλογίαν das Übergewicht, und Timaios kann dichter an Aristoteles als an Platon gerückt werden. Diese Gruppierung dürfte Simplikios selber zugehören, der das isolierte Stück des Zitats vor Augen hat. An der ersten Stelle sind Aristoteles und Platon nebeneinander von Timaios abhängig; das Zitat belegt, daß beide Termini bei TL vorkommen. Die Diskrepanz zwischen der ersten und zweiten Stelle legt nahe, daß die erste Stelle mit Zitat von Simplikios übernommen ist, wofür auch die Anfügung spricht. Wie das Zitat in der Vorlage verstanden war, läßt sich nicht ausmachen, doch wird sie den Zusammenhang kennen und richtig verstehen. Jedenfalls setzt es eine interessierte, genauere Lektüre des TL und größten Respekt vor ihm voraus, wenn in dem von Platon abweichenden κατὰ ἀναλογίαν Aristoteles gefunden und dieser unter der Voraussetzung der Echtheit des TL hierin zum direkten Nachfolger des TL gemacht wird. Diese Vorlage des Simplikios wird Jamblich sein (Harder a.O. 37).

14n S. 453, 15 Es ist vom Unterschied von Platon und den Pythagoreern die Rede, insofern diese ein Apeiron im Wahrnehmbaren ansetzen; einige setzen es außerhalb des Himmels an, aber nicht wahrnehmbar εἴπερ αὐτὸς ὁ Τίμαιος λέγει μηδὲν σῶμα ἔξωθεν ὑπολειφθῆναι τοῦ κόσμου. Es folgt bald darauf Platon mit Tim. 32 c 6-8 (kein Teil der Elemente ist außerhalb des Kosmos übrig gelassen). Der Pythagoreer Timaios ist abgesetzt gegen andere Pythagoreer, mit Bezug auf TL § 13 ὡς μή ποκα μέρος ἀπολειφθῆμεν ἐκτὸς αὐτῶ (sc. des geschaffenen Gottes) und § 11.

---

in beiden Überlieferungen setzt entweder eine Variante vor Simplikios voraus, die einen Strang der Simplikiosüberlieferung beeinflußt hat, oder, komplizierter, eine gegenseitige Beeinflussung beider Überlieferungen; sie können kaum bei beiden unabhängig entstanden sein.

15 *Hierocles* Comm. in aurea carmina, in Fr. W. Aug. Mullach, Fragm. philos. Graec. 1, 444a (ders. rec. et illustravit Berlin 1853, S. 82, 8) Φαίνεται δὲ ἐπὶ μὲν τῶν ἀνθρωπίνων ψυχῶν ἑκάστην αὐτὸς (sc. der Gott) ὑποστήσας· ἐπὶ δὲ τῶν ἀλόγων μόνα γένη, προτείνων τῇ διαπλαττούσῃ αὐτὰ φύσει, ὡς Πλάτωνι δοκεῖ καὶ Τιμαίῳ τῷ Πυθαγορείῳ, οὐδὲν μὲν προσεχὲς τῶν θνητῶν δημιούργημα εἶναι τοῦ θεοῦ τιθεμένοις, τὰς δὲ ἀνθρωπίνας ψυχὰς γίνεσθαι ἐκ τοῦ αὐτοῦ κρατῆρος τοῖς τε ἐγκοσμίοις καὶ τοῖς δαίμοσιν ἢ τοῖς ἀγαυοῖς ἥρωσιν.

Es ist sehr wahrscheinlich, daß mit 'Platon und der Pythagoreer Timaios' der platonische Timaios und der TL gemeint sind. Ganz auszuschließen ist es nicht, daß nur an den platonischen Timaios gedacht ist und er so zugleich als Werk Platons wie als Wiedergabe pythagoreischer Lehre bezeichnet werden soll (vgl. ὥς φησι ὁ Πλάτωνος Τίμαιος, τῶν Πυθαγορείων δογμάτων ὁ ἀκριβὴς διδάσκαλος Mullach a.O. 1, 416a Ende). Doch liegt es näher, daß wie üblich die Schrift des TL neben Platons Timaios gestellt werden soll. Das wird gestützt durch die Beiziehung der Übergabe der weiteren Schöpfung an die φύσις (προτείνων τῇ διαπλαττούσῃ αὐτὰ φύσει ~ TL § 44 τᾷ φύσει τᾷ ἀλλοιωτικᾷ παραδούς). Die Schöpfung der menschlichen Einzelseele und der Tiere nur als Arten ist so weder in Platons Timaios noch im TL geschieden. Hierokles oder seine Vorlage beziehen sich auf Tim. 41 b-d (c . . . . τρέπεσθαι κατὰ φύσιν ὑμεῖς ἐπὶ τὴν τῶν ζῴων δημιουργίαν . . .; d . . . ἐπὶ τὸν πρότερον κρατῆρα, ἐν ᾧ τὴν τοῦ παντὸς ψυχὴν κεραννὺς ἔμισγεν . . .) und 90e ff (in einer Mischung von Seelenwanderung und Entstehung wird die Bildung der Lebewesen außer dem Menschen kurz dargestellt). Bei TL (§ 87f) ist aus 'bei der zweiten Geburt' (ἐν τῇ δευτέρᾳ γενέσει 90e), die Platon nur bei der Umwandlung von Männern in Frauen erwähnt, nicht bei der Entstehung der Tiere, allgemein eine zweite Periode geworden ('alles das regelten in einem zweiten Zeitlauf Nemesis und die Gottheiten, denen Gott die Verwaltung des Kosmos übertragen hat'). Diese allgemeine Scheidung der Schöpfung von Menschen und andern Lebewesen bei TL mag Hierokles mit im Auge haben, wenn er den Abstand in der Schöpfung der θνητά betont, und deshalb mag der Pythagoreer Timaios, zu der sonstigen Übereinstimmung, neben Platon genannt sein. Dazu kommt TL § 45, wo die verschiedenen Seelen der Lebewesen als menschliche Einzelseelen verstehbar sind.

Stobaeus I, 49 S. 364, 20 Wachsm. ταύτην (sc. τὴν ἁρμονίαν μαθηματικήν) τοίνυν, ὡς μὲν ἁπλῶς εἰπεῖν τὴν τὰ διαφέροντα ὁπωσοῦν σύμμετρα καὶ προσήγορα ἀπεργαζομένην, ἀναφέρει εἰς τὴν ψυχὴν Μοδέρατος· τὴν δὲ ὡς ἐν οὐσίαις καὶ ζωαῖς καὶ γενέσει πάντων μεσότητα καὶ σύνδεσιν ὁ Τίμαιος αὐτῇ ἀνατίθησι, τὴν δὲ ὡς ἐν λόγοις τοῖς κατ' οὐσίαν προϋπάρχουσιν Πλωτῖνος καὶ Πορφύριος καὶ Ἀμέλιος παραδεδώκασιν, τὴν δὲ . . .

Wenn Timaios neben andere Philosophen gestellt wird, könnte dies voraussetzen, daß der Sprecher des platonischen Dialogs auf den Autor TL zurückgeführt ist. Das Stück, dessen Lemma fehlt, wird Jamblich περὶ ψυχῆς zugeschrieben. Daß der platonische Timaios und TL unter Timaios zusammengefaßt werden, wäre Jamblich ganz entsprechend. Aber das Stück bezieht sich auf Tim. 31c und 38e 5, bei TL § 39-41 ist nicht von Lebewesen, sondern von der Bindung des Kosmos durch die Harmonie der Elemente die Rede.

Themistios im Kommentar zu de anima meint mit Timaios immer den Sprecher des platonischen Dialogs, den er allerdings als realen Philosophen ansieht (CAG 5, S. 19, 20 Heinze ἐπιφανὲς ἐν φιλοσοφίᾳ πρόσωπον . . ., ᾧ καὶ Πλάτων ἀνέθηκε τὸν διάλογον); doch erwähnt er ihn nicht als Autor der Schrift, auch nicht wo er ihn von Platon absetzt (S. 12, 28 καὶ ὁ παρὰ Πλάτωνι Τίμαιος καὶ αὐτὸς Πλάτων), noch zitiert er ihn.

Joannes Philoponos im Kommentar zu de anima versteht unter Timaios gleichfalls den Sprecher des platonischen Dialogs, ohne daß auf TL angespielt wird; nur wo er einmal (CAG 15 S. 121, 17 Hayd.) ausdrücklich feststellt, daß Aristoteles mit Timaios den Timaios bei Platon meint, denn so pflege er Platons Schriften zu nennen, steht TL wohl im Hintergrund; in seinem Zitat des Tauros in de aeternitate mundi (test. 10) ist die Schrift des TL ja auch ausdrücklich beigezogen.

In dem Timaioskommentar des *Calcidius* vermutet J. H. Waszink an einer Stelle eine Anspielung auf die Annahme, daß TL Vorlage von Platons Timaios sei (Timaeus a Calcidio translatus commentarioque instructus. Ed. Waszink, Leiden 1962. Zweiter Apparat zu S. 60, 1). Die Stelle am Ende des Proömiums (S. 59, 22) lautet: wie Sokrates bei seiner Erörterung der menschlichen Gerechtigkeit ein Bild des Bürgerstaates eingeführt hat, *ita Timaeus Locrensis ex Pythagorae magisterio, astronomiae quoque disciplinae perfecte peritus, eam iustitiam, qua divinum genus adversum se utitur, in mundi huius sensilis veluti quadam communi urbe ac republica voluit inquiri.*

Zugrunde liegt Platons Timaios (test. 1); Timaios als Vertreter pythagoreischer Lehre aufzufassen ist seit Aristoteles üblich; der Name Timaeus Locrensis ist auch ohne TL gegeben. Die ähnliche Stelle S. 99, 24 bestätigt, daß ohne Seitenblick auf TL nur an den Timaios bei Platon gedacht ist (Die Art des Redens paßt zu dem Sprecher; *iste enim Timaeus, qui in hoc libro tractat, ex Pythagorae magisterio fuit, quem rationabiliter inducit Plato domesticis et familiaribus sibi probationibus utentem docere animae naturam congruere numeris, concinere etiam modulationibus musicae*). Wenn die Gegenüberstellung der beiden Staatsbilder im Proömium des Calcidius auf Porphyrios' Proömium des Timaioskommentars zurückgehen sollte, so kann man nicht aus Calcidius erschließen, daß in Porphyrios' Proömium erörtert war, daß TL Vorlage Platons war (Waszink: quam rem, nisi omnia fallunt, in Porphyrii in Timaeum commentarii prooemio tractatam invenire potuit); eher ist der umgekehrte Schluß erlaubt: in der Vorlage des Calcidius (Porphyrios?) war von TL kein Gebrauch gemacht.

Das *aristotelische Schriftenverzeichnis* bei Diogenes Laertius 5, 25 Nr. 94 τὰ ἐκ τοῦ Τιμαίου καὶ τῶν Ἀρχυτείων α'.

Auf diese Schrift bezieht sich wahrscheinlich die Angabe bei *Simplicius* de caelo CAG 7 S. 379, 14 καὶ πάντων, οἶμαι, μᾶλλον ὁ Ἀριστοτέλης τὴν ἐν Τιμαίῳ περὶ τούτων τοῦ Πλάτωνος γνώμην ἠπίστατο, ὃς καὶ σύνοψιν ἢ ἐπιτομὴν τοῦ Τιμαίου γράφειν οὐκ ἀπηξίωσεν.

Die Zeit dieses Kompendiums des platonischen Timaios ist nicht bestimmbar; es steht neben solchen der Nomoi und der Politeia (Diog. Laert. 5, 22, Nr. 21 τὰ ἐκ τῶν Νόμων Πλάτωνος α'β'γ', Nr. 22 τὰ ἐκ τῆς Πολιτείας α'β'). Die Verbindung mit den Schriften des Archytas ist auffällig (vgl. Nr. 92 Περὶ τῆς Ἀρχυτείου φιλοσοφίας α'β'γ'). Über die Auszüge vergleiche P. Moraux, Les listes anciennes des ouvrages d'Aristote, Louvain 1951, S. 40f und 106f). Eine Art Auszug lag wohl auch dem Fälscher des TL vor.

TEXT UND ÜBERSETZUNG

N		Neapolitanus Bibl. Naz. 312.
B		Parisinus graec. 1808.
		Für das letzte verlorene Blatt treten ab 223, 8 ἁρμόξατο ein die Abschriften aus B:
	A	Angelicanus 107 (Abschrift vor Korrektur),
	L	Laurentianus 59, 1 (Abschrift nach Korrektur),
	Par. 1809	Parisinus graec. 1809 (Abschrift nach Korrektur, aufgeführt in Fällen, wo aus A und L allein B nicht rekonstruierbar ist).
	B^2	= Korrektor (Korrektoren ?) von B.
		Von den Sonderfehlern von B (oder B^1) sind einige belanglose im Apparat nicht angeführt.
E		Escorialensis 306 (olim y I 13).
		Für das verlorene letzte Blatt ab 219, 13 προκρίνει treten ein die Abschriften aus E:
	W	Vindobonensis suppl. philos. gr. 7 (Abschrift nach Korrektur),
	V	Marcianus 185 (Abschrift nach Korrektur).
	E^2	= Korrektor (Korrektoren ?) von E.
	M^2	Korrektor von Marcianus 517, seine Eingriffe in den Text, angegeben, soweit sie von besonderem Interesse sind, vorwiegend für Herstellung des Dialekts (keine Überlieferung).
	Par. 1810	einige gute Konjekturen.

Zur Übersicht das Verhältnis dieser für die Recensio maßgebenden Handschriften im Stemma

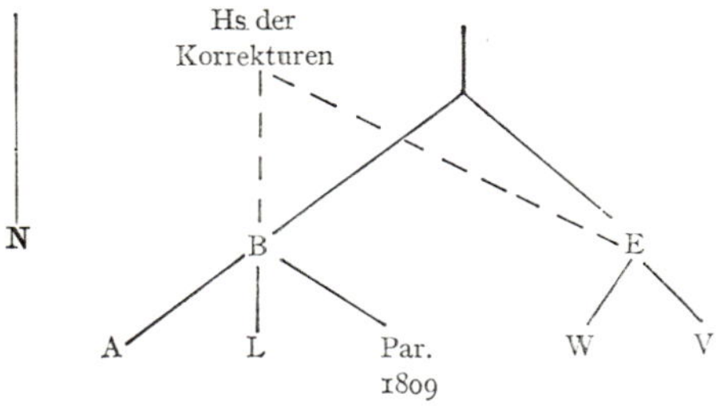

Am Rand sind angegeben die Einteilung nach der Ausgabe des Stephanus und die Seiten- und Zeilenzählung meiner Ausgabe bei Holger Thesleff, The Pythagorean texts of the Hellenistic period, Åbo 1965; die Zeilen sind beibehalten, auf sie sind die Angaben bei der Behandlung der Handschriften und im kritischen Apparat abgestellt. In Text und Übersetzung, hier auch am Rand, ist meine dort eingeführte Paragraphenzählung angegeben.

Die richtige Einordnung von W als Abschrift aus E bringt Veränderungen in der Notierung des kritischen Apparats gegenüber meiner Ausgabe bei Thesleff, doch ändert das an der Recensio nichts, da W eng mit E geht; Sonderfehler von W sind nicht notiert. Die Behandlung des Textes hat sich nur wenig gegenüber meiner früheren Ausgabe geändert.

Τιμαίω Λοκρῶ

Περὶ φύσιος κόσμω καὶ ψυχᾶς

205 1 Τίμαιος ὁ Λοκρὸς τάδε ἔφα· 93a
Δύο αἰτίας εἶμεν τῶν συμπάντων, νόον μὲν τῶν κατὰ λόγον
γιγνομένων, ἀνάγκαν δὲ τῶν βίᾳ καττὰς δυνάμεις τῶν σωμάτων.
τουτέων δὲ τὸ μὲν τᾶς τἀγαθῶ φύσιος εἶμεν θεόν τε ὀνυμαίνεσθαι
ἀρχάν τε τῶν ἀρίστων· τὰ δ' ἑπόμενά τε καὶ συναίτια ὄντα ἐς ἀνάγκαν
ἀνάγεσθαι. 2 τὰ δὲ ξύμπαντα τρία· ἰδέαν, ὕλαν, αἰσθητὸν τὸ οἷον ἔγγονον b
τουτέων. 3 καὶ τὰν μὲν εἶμεν ἀεί, ἀγένατόν τε καὶ ἀκίνατον, ἀμέριστόν
τε καὶ τᾶς ταὐτῶ φύσιος, νοατάν τε καὶ παράδειγμα τῶν γεννωμένων,
ὁκόσα ἐν μεταβολᾷ ἐντι· τοιοῦτον γάρ τι τὰν ἰδέαν λέγεσθαί τε καὶ 94a
νοῆσθαι. 4 τὰν δ' ὕλαν ἐκμαγεῖον καὶ ματέρα τιθάναν τε καὶ γεννατικὰν
εἶμεν τᾶς τρίτας οὐσίας· δεξαμέναν γὰρ τὰ ὁμοιώματα ἐς αὑτὰν καὶ
206 οἷον ἐναπομαξαμέναν ἀποτελῆν τάδε τὰ γεννάματα. ταύταν δὲ τὰν
ὕλαν αΐδιον μὲν ἔφα, οὐ μὰν ἀκίνατον, ἄμορφον δὲ κατ' αὑταύταν καὶ
ἀσχημάτιστον, δεχομέναν δὲ πᾶσαν μορφάν· τὰν δὲ περὶ τὰ σώματα
μεριστὰν εἶμεν καὶ τᾶς θατέρω φύσιος. ποταγορεύοντι δὲ τὰν ὕλαν b
τόπον καὶ χώραν. 5 δύο ὦν αἵδε ἀρχαί ἐντι, ἇν τὸ μὲν εἶδος λόγον ἔχει
ἄρρενός τε καὶ πατρός, ἁ δ' ὕλα θήλεός τε καὶ ματέρος. τρίτα δὲ εἶναι
τὰ ἐκ τουτέων ἔγγονα. 6 τρία δὲ ὄντα τρισὶ γνωρίζεσθαι, τὰν μὲν ἰδέαν

205, 1 Τιμαίω Λοκρῶ (addidi) Περὶ φύσιος (φύσεως Iambl.) κόσμω καὶ ψυχᾶς Iambl. in Nicom. arithm. p. 105, 11 Pist. = test 11a: τιμαίω λοκρῶ περὶ ψυχᾶς κόσμω καὶ φύσιος NBE vulg., cf. p. 76   4 τάδε E τάδ' NB.   6 κατὰ τὰς N.   7 τὸ NBE τὸν M^2. τἀγαθῶ M^2 τἀγαθοῦ N τἀγαθῶν BE.   8 σὺν αἰτίαι B^1. ὄντα B, E v.l. in marg. (?) οἷον N om. E. εἰς BE.   9 τρία N om. BE. τὸ N τοι BE (τι W) τε M^2 vulg. ἔκγονον M^2 vulg.   10 τὰν NBE τὸ M^2. ἀκίνητον N. ἀμέριστον N E v.l. in marg. καὶ μένον BE.   11 ταὐτῶ N E v.l. in marg. ἐντῶ B ἐν τῷ E. νοατάν correxi νοατόν NBE. 12 μεταβολαῖς N.   13 νοεῖσθαι NE. γεννητικὰν N.   14 εἰς B. αὑτὰν BE αὐτὰν N.
206, 1 ἐναπομαξαμέναν N ἀναμαξαμέναν BE. ἀποτελεῖν NE.   2 ἀκίνητον NE. ἀμόρφωτον B. κατ' αὑταύταν scripsi κατὰ ταυτὰν N κατ' αὐτὰν BE καθ' αὑτὰν M^2. 5 οὖν NB. ἐντί· ἃν M^2 ἐντὶ ἂν· E ἐντί· ὧν N ἐναντίαι B.   6 εἶναι NBE εἶμεν recc. vulg.   7 τουτέων N τούτων BE. ἔγγονα N ἔκγονα BE.

DAS BUCH DES TIMAIOS AUS LOKROI

Über die Beschaffenheit der Welt und der Seele

1 Timaios der Lokrer sagte folgendes: 1
Zwei Ursachen gebe es für die gesamten Dinge, den Geist für das
was vernunftmäßig geschieht, die Notwendigkeit für das was durch
Gewalt geschieht, gemäß den Kräften der Elemente. Von diesen
beiden habe das eine die Art des Guten und werde Gott genannt und
Ursprung der besten Dinge; das andere aber seien Begleitumstände
und Mitursachen und es sei auf die Notwendigkeit zurückzuführen.
2 Die Gesamtheit der Dinge sei dreierlei: Idee, Stoff, Wahrnehm- 2
bares, das gleichsam deren Nachkomme ist. 3 Und die Idee sei 3
immer, ungeworden und unbewegt, unteilbar und von der Art der
Gleichheit, geistig und Vorbild für all das Geschaffene, welches sich
im Wechsel befindet. Ungefähr so etwas nämlich bezeichne man und
denke man sich mit Idee. 4 Der Stoff aber sei Knetmasse und 4
Mutter, Amme und Hervorbringerin der dritten Wesenheit; denn
nachdem sie die Bilder in sich aufgenommen und gleichsam in sich
abgedrückt hat, bringe sie hervor was in dieser Welt Geschaffenes
ist. Diese Art des Stoffs nannte er ewig, freilich nicht unbewegt,
aber an sich ungestaltet und ungeformt, doch jede Gestalt an-
nehmend. Hinsichtlich seines Auftretens bei den Elementen aber
sei er teilbar und von der Art der Andersheit. Man nennt den Stoff
Ort und Raum. 5 Ihrer Zwei sind also diese Grundlagen, von 5
denen die Form sich wie Mann und Vater verhält, der Stoff wie
Weib und Mutter. Das dritte aber seien deren Abkömmlinge. 6 Als 6
dreifaches werde es durch dreierlei erkannt, die Idee durch den

νόῳ κατ' ἐπιστάμαν, τὰν δ' ὕλαν λογισμῷ νόθῳ διὰ τὸ μηδέπω κατ'
εὐθυωρίαν νοῆσθαι ἀλλὰ κατ' ἀναλογίαν, τὰ δ' ἀπογεννάματα αἰσθήσει
καὶ δόξᾳ.

7 Πρὶν ὦν ὠρανὸν λόγῳ γενέσθαι ποτ' ἤστην ἰδέα τε καὶ ὕλα καὶ ὁ c
θεὸς δαμιουργὸς τῶ βελτίονος. ἐπεὶ δὲ τὸ πρεσβύτερον κάρρον ἐστὶ τῶ
νεωτέρω καὶ τὸ τεταγμένον πρὸ τῶ ἀτάκτω, ἀγαθὸς ὢν ὁ θεὸς ὁρῶν
τε τὰν ὕλαν δεχομέναν τὰν ἰδέαν καὶ ἀλλοιουμέναν παντοίως μέν,
ἀτάκτως δέ, ἐδήλετο εἰς τάξιν αὐτὰν ἄγεν καὶ ἐξ ἀοριστᾶν μεταβολᾶν
ἐς ὡρισμέναν καταστᾶσαι, ἵν' ὁμόλογοι ταὶ διακρίσιες τῶν σωμάτων
γίγνωνται, καὶ μὴ κατ' αὐτόματον τροπὰς δέχηται.

8 'Εποίησεν ὦν τόνδε τὸν κόσμον ἐξ ἁπάσας τᾶς ὕλας, ὅρον αὐτὸν d
κατασκευάσας τᾶς τῶ ὄντος φύσιος διὰ τὸ πάντα τὰ ἄλλα ἐν αὐταύτῳ
207 περιέχεν, ἕνα, μονογενῆ, τέλειον, ἔμψυχόν τε καὶ λογικόν (κρέσσονα
γὰρ τάδε ἀψύχω καὶ ἀλόγω ἐστόν), καὶ σφαιροειδὲς σῶμα (τελειότερον
γὰρ τῶν ἄλλων σχημάτων ἦν τοῦτο). 9 δηλόμενος ὦν ἄριστον γέννημα
ποιῆν, τοῦτον ἐποίη θεὸν γεννατόν, οὔ ποκα φθαρησούμενον ὑπ' ἄλλω
αἰτίω ἔξω τῶ αὐτὸν συντεταγμένω θεῶ, εἴ ποκα δήλοιτο αὐτὸν διαλύειν·
ἀλλ' οὐ γὰρ τἀγαθῶ ἐστιν ὁρμᾶν ἐπὶ φθορὰν γεννάματος καλλίστω· e
διαμένει ἄρα τοιόσδε ὢν ἄφθαρτος καὶ ἀνώλεθρος καὶ μακάριος.
10 κράτιστος δ' ἐστὶ γεννατῶν, ἐπεὶ ὑπὸ τῶ κρατίστω αἰτίω ἐγένετο,
ἀφορῶντος οὐκ εἰς χειρόκματα παραδείγματα, ἀλλ' ἐς τὰν ἰδέαν καὶ
ἐς τὰν νοητὰν οὐσίαν, ποθ' ἅνπερ τὸ γεννώμενον ἀπακριβωθὲν κάλλιστόν
τε καὶ ἀπαρεγχείρητον γίγνεται. 11 τέλειος δ' ἀεὶ κατὰ τὰ αἰσθητά 95a

---

206, 8 τὰν δ' ὕλαν — 9 ἀναλογίαν citat Simplicius in Phys. CAG 9 p. 227, 21 = test. 14 m1; 9 κατ' ἀναλογίαν cit. Simpl. ibidem p. 229, 4 = test. 14 m2.
11 πρὶν ὦν ὠρανὸν — 12 δημιουργός citat Proclus in Tim. 34 ab, 2 p. 101, 11 D. = test. 12d.

206, 8 κατ' ἐπιστάμαν E καὶ ἐπιστήμα NB. διὰ τὸ N Simpl. DE τῷ BE Simpl. F. μηδέπω N Simpl. μήπω cett. 9 νοεῖσθαι NE Simpl. κατὰ Simpl. ὑπογεννάματα N. 11 λόγῳ γενέσθαι NB[1] Procl. γενέσθαι· λόγῳ EB[2]. ποτ' N om. BE Procl. ἀίδεα . . . ἄυλα N (fuit ἁ ἰδέα . . . ἁ ὕλα). ὁ om. Procl. 12 δημιουργὸς N Procl. τοῦ[1] N. 14 τὴν[1] E. 15 ἐδήλετο N E v.l. in marg. ἐδῆτο B ἐδῆτο E ἐδεῖτ' M[2]. αὐτὴν N. ἄγειν N ἄγε B. ἀορίσταν NBE ἀορίστων vulg. 16 εἰς E. ὡρισμένην B[1]. ταὶ BE τε N (τὰς W). διακρίσεις E. 17 γίγνοιντο M[2] vulg. δέχηται NB δέχοιτο E δέχοιντο M[2] δέχωνται B[2]. 18 οὖν N. 19 κατασκευάξας M[2] vulg. πάντα post τὰ ἄλλα posuit B. τἄλλα BE. ἐν αὐταύτῳ scripsi ἔνδον αὐτὸν N ἐν αὐτῷ B ἐν αὐτῷ WE.
207, 1 περιέχειν N. 3 δηλή(? ού ?)μενος (o superscr.) E. οὖν N. 4 ποιῆν B ποιεῖν E ποιῆσαι N. ἐποίηι B ἐποίει E ἐποίησε N. φθαρησόμενον N. 5 θεῶν BE. δήλοιτο scripsi δήλαιτο N δήλετο B δ' ἥλετο E. διαλύειν NBE διαλύεν M[2]. 6 ὁρμὰ B. 9 χειρόκματα vulg. χειρόγματα B[1]E[1] χειρήγματα B[2]E[2] χειρόμακτα N. 10 νοητὰν NBE νοατὰν M[2] vulg. ἀποκριβωθὲν BE. 11 γίνεται NB.

Verstand auf wissenschaftlichem Wege, der Stoff durch unechten Schluß, weil er noch nicht auf direktem Weg gedacht wird, sondern auf dem der Entsprechung, die Erzeugnisse durch Wahrnehmung und Meinen.

7 Bevor nun, der Darstellung nach, der Himmel einmal wurde, 7
waren die beiden, Idee und Stoff, da und der Gott, Schöpfer des Besseren. Da aber das Ältere mächtiger ist als das Jüngere und das Geordnete vor dem Ungeordneten steht, wollte der Gott in seiner Güte und weil er sah, wie der Stoff die Idee aufnahm und sich mannigfach aber ungeordnet änderte, ihn in einen geordneten Zustand bringen und ihn aus unbegrenzten Änderungen zu einer begrenzten führen, damit die unterschiedlichen Bildungen der Körper ausgewogen werden, und er (der Stoff) nicht zufällig Veränderungen erfährt.

8 Er schuf also diese Welt aus dem gesamten Stoff, indem er sie 8
als Grenze der Natur des Seienden einrichtete dadurch, daß sie alles
übrige in sich umfaßt, als eine, einzige, vollkommene, beseelte und
mit Vernunft begabte — denn das beides ist besser als Unbeseeltes
und Unvernünftiges — und als kugelförmigen Körper — denn diese
Form war vollkommener als die andern Formen. 9 In dem Willen 9
nun, das beste Geschöpf zu bilden, bildete er diese Welt als geschaf-
fenen Gott, der niemals zugrunde gehen wird von einer andern
Ursache, ausgenommen den Gott, der ihn zusammengefügt hat, wenn
der einmal die Absicht haben sollte, ihn aufzulösen. Aber es ist
nicht Art des Guten, nach dem Untergang des besten Geschöpfes zu
verlangen. So bleibt sie also, da sie eine solche ist, unzerstörbar und
ohne Untergang und glückselig. 10 Sie ist die stärkste unter den 10
Geschöpfen, da sie von dem stärksten Urheber wurde, der nicht auf
handgearbeitete Vorbilder hinsah, sondern auf die Idee und die
geistige Wesenheit; und weil ihr das Geschaffene genau nach-
gearbeitet ist, ist es das beste und unantastbar. 11 Sie ist immer 11

ἐστιν, ὅτι καὶ τὸ παράδειγμα τῆνο αὐτῶ περιέχον πάντα τὰ νοητὰ ζῶα ἐν αὐταύτῳ οὐδὲν ἐκτὸς ἀπέλιπεν, ἀλλὰ ὅρος ἦν νοατῶν παντελής, ὡς ὅδε ὁ κόσμος αἰσθητῶν.
12 Στερεὸς δὲ ὢν ἁπτός τε καὶ ὁρατὸς γᾶς μεμοίρακται πυρός τε καὶ τῶν μεταξύ, ἀέρος καὶ ὕδατος. 13 ἐκ παντελέων δὲ συνέστακε
σωμάτων, τάπερ ὅλα ἐν αὐτῷ ἐντί, ὡς μή ποκα μέρος ἀπολειφθῆμεν b
ἐκτὸς αὐτῶ, ἵνα ᾖ αὐταρκέστατον τὸ τῶ παντὸς σῶμα ἀκήρατόν τε τῶν ἐκτὸς κηρῶν· οὐ γὰρ ἦν τι δίχα τουτέων· 14 ἀλλὰ καὶ τῶν ἐντός· τὰ γὰρ καττὰν ἀρίσταν ἀναλογίαν συντεθέντα ἐν ἰσοδυναμίᾳ οὔτε κρατεῖ ἀλλάλων ἐκ μέρεος οὔτε κρατέεται, ὡς τὰ μὲν αὔξαν, τὰ δὲ φθίσιν λαμβάνεν, μένει δ' ἐν συναρμογᾷ ἀδιαλύτῳ κατὰ λόγον ἄριστον.
15 τριῶν γὰρ ὡντινωνοῦν ὅρων ὅταν [καὶ] τὰ διαστάματα καττὸν αὐτὸν c
208 ἐστάθη λόγον ποτ' ἄλλαλα, τότε δὴ τὸ μέσον ῥυσμῷ Δίκας ὁρήμεθα ποττὸ πρᾶτον ὅ τί περ τὸ τρίτον ποτ' αὐτό, κἄνπαλιν καὶ παραλλὰξ κατ' ἐφάρμοσιν τόπων καὶ τάξιος. ταῦτα δ' ἀριθμῆμεν αἰ μὴ μετ' ἰσοκρατίας ἀμάχανον παντί.
16 Εὖ δ' ἔχει καὶ καττὸ σχῆμα καὶ καττὰν κίνασιν, καθ' ὃ μὲν σφαῖρα
ὄν, ὡς ὅμοιον αὐτὸ αὐτῷ παντᾷ εἶμεν καὶ πάντα τἆλλα ὁμογενέα d
σχάματα χωρῆν δύνασθαι, καθ' ἃν δὲ ἐγκύκλιον μεταβολὰν ἀποδιδὸν δι' αἰῶνος. μόνα δὲ ἁ σφαῖρα ἐδύνατο καὶ ἀρεμέουσα καὶ κινευμένα ἐν τᾷ αὐτᾷ συναρμόσθαι χώρᾳ, ὡς μή ποκα ἀπολεῖπεν μήτε ἐπιλαμβάνεν

207, 23 τριῶν γὰρ — **208,** 2 παραλλάξ citat Iamblichus in Nicom. arithm. intr. p. 105, 17 Pist. = test. 11a.
208, 8 μόνα δὲ — 10 τόπον citat Proclus in Tim. 33 b, 2 p. 79, 8 D. = test. 12 h.

207, 12 αὐτῶ B^1 vulg. αὐτοῦ NB^2E. νοητὰ N νοατὰ M^2 vulg. αἰσθητὰ BE. 13 αὐταύτῳ scripsi αὐτάτῳ BE αὐτῶ τὸ N αὐτῶ M^2. ἀλλὰ NBE ἄλλο M^2 vulg. ἦν correxi ὢν codd. παντελὴς ante νοατῶν posuit B. 15 μεμοίρακται Valckenaer μεμόρακται BE μεμύηται N E v.l. (fuit μέμικται?). 16 δὲ BE τε N. συνέστηκε N. 18 αὐτοῦ N. ἀκήρατόν τε τῶν conieci ἀκήρατον τῶν NB^2E^2 ἀκήρατός τ' ὤν B^1E^1. 20 κατὰ τὰν N. 21 κρατέεται (ex emend.) Par. 1810 M^2 κρατέαται NBE. 22 λαμβάνειν N. δ' ἐν NE δὲ B. 23 ὡντινωνοῦν NE Iambl. ὧν τινων συν B. ὅτε E. καὶ delevi, cf. Tim. 31 c4. κατὰ τὸν N Iambl. **208,** 1 ἄλλα ll. Iamblichi. μέσσον ll. Iamblichi. ῥυσμῶι B Iambl. ῥυσμῶ E vulg. ῥυσθμῶς N. δίκας ὁρήμεθα NB^1E Iambl. δίκαν ὁρήμεθα Par. 1810 M^2B^2 vulg. 2 πρῶτον N. ὅττι B. ποττ' B. κἄνπαλιν? Thesleff κἂν πάλιν NBE Iambl. κἀνάπαλιν de Gelder. παραλλὰξ BE Iambl. παρὰξ N ἐναλλὰξ de Gelder. 3 ἀρθμῆμεν αἰ? Theiler ἀριθμήμεναι codd. 4 ἀμήχανον N. παντί NBE πάντη Theiler. 5 κατὰ τὸ N. κατὰ τὰν N. σφαῖρα ὄν BE σφαῖρον N. 6 παντᾷ Bekker πάντα NBE. 7 σχήματα BE. χωρῆν NBE χωρεῖν E s.l. 8 ἐδύνατο om. B^1E^1 οἵα τε ἦν (καὶ om.) Procl. ἀρεμέουσα NE (-μαί-) B ἄρα μένουσα ll. Procli. κινευμένα N Procl. κινουμένα BE. 9 συναρμόσθαι NE συναρμόσασθαι (et post χώρᾳ pos.) Procl. συναρμόσεν BE v.l. μή ποκα NBE μηδέπου Procl. ἀπολεῖπεν N ἀπολείπειν Procl. ἀπολιπεῖν BE. ἐπιλαμβάνεν N (-ειν) Procl. λαμβάνεν (-ειν E) BE.

vollständig im Bereich des Wahrnehmbaren, weil auch jenes ihr
Vorbild alle geistigen Wesen in sich umfaßte und nichts außen ließ,
sondern vollkommen umfassende Grenze für die geistigen Dinge war,
wie diese Welt für die wahrnehmbaren.

12 Sie ist räumlich, faßbar und sichtbar und als solche ist sie 12
zusammengesetzt aus Erde und Feuer und dem dazwischen Liegen-
den, Luft und Wasser. 13 Sie besteht aus den vollständigen 13
Elementen, die ganz in ihr sind, so daß nicht jemals ein Teil außerhalb
von ihr übrig bleibt, damit der Körper des All ganz selbstgenügsam
ist und unversehrt von den Schäden, die von außen kommen; (denn
es gab nichts abgetrennt von diesen Elementen); 14 jedoch 14
auch von den inneren Schäden. Das nämlich was nach der besten
Entsprechung zusammengesetzt ist, ist im Gleichgewicht der Kraft
und überwältigt nicht von einem Teil aus einander oder wird über-
wältigt, so daß das eine Vermehrung, das andere Schwinden erfährt,
sondern es bleibt in unlösbarer Fügung nach dem besten Verhältnis.
15 Wenn nämlich von drei beliebigen Gliedern die Abstände nach 15
dem gleichen Verhältnis zueinander aufgestellt worden sind, dann
verhält sich das mittlere Glied in der Ordnung des Rechts, wie wir
sehen, zum ersten wie das dritte zu ihm, und wenn man umkehrt
und vertauscht, <liegen die Verhältnisse> nach der Verteilung der
Stellen und der Reihenfolge. Diese Rechnung kann aber keiner
durchführen, ohne daß Machtgleichheit (gleiche Wichtigkeit der
Glieder) angenommen wird.

16 Mit dem Körper des Alls verhält es sich wohl hinsichtlich der 16
Form wie hinsichtlich der Bewegung, hinsichtlich der Form als Kugel,
so daß er sich selbst in jeder Richtung gleich ist und alle übrigen regel-
mäßigen (verwandten ?) Formen umschreiben kann, hinsichtlich
der Bewegung, indem er in Ewigkeit eine kreisförmige Veränderung
vollzieht. Allein die Kugel war imstande, ruhig wie bewegt in den-
selben Raum eingepaßt zu sein, so daß sie niemals Raum freigibt

ἄλλον τόπον, τῷ ἐκ μέσου ἴσον εἶμεν παντᾷ. 17 λειότατον δ' ὂν ποτ'
ἀκρίβειαν κατταν ἐκτὸς ἐπιφάνειαν οὐ ποτιδέεται θνατῶν ὀργάνων,
ἃ διὰ τὰς χρείας τοῖς ἄλλοις ζώοις ποτάρτηταί τε καὶ διᾶκται.

18 Τὰν δὲ τῶ κόσμω ψυχὰν μεσόθεν ἐξάψας ἐπάγαγεν, ἔξω περι- e
καλύψας αὐτὸν ὅλον αὐτᾷ, κρᾶμα αὐτὰν κερασάμενος ἔκ τε τᾶς ἀμερίστω
μορφᾶς καὶ τᾶς μεριστᾶς οὐσίας, ὡς ἓν κρᾶμα ἐκ δύο τουτέων εἶμεν.
ᾧ ποτέμιξε δύο δυνάμιας ἀρχὰς κινασίων, τᾶς τε ταὐτῶ καὶ τᾶς τῶ 96a
ἑτέρω· ἃ δὴ καὶ δύσμικτος ἔασσα οὐκ ἐκ τῶ ῥᾴστω συνεκίρνατο. 19 λόγοι
δ' οἵδε πάντες ἐντὶ κατ' ἀριθμὼς ἁρμονικὼς συγκεκραμένοι. ὧς λόγως
κατὰ μοίρας διαιρήκει ποτ' ἐπιστάμαν, ὡς μὴ ἀγνοῆν ἐξ ὧν ἁ ψυχὰ καὶ
209 δι' ὧν συνέστακεν 20 (ἂν οὐχ ὑστέραν τᾶς σωματικᾶς οὐσίας συνετάξατο
ὁ θεός, ὥσπερ λέγομες ἀμές· πρότερον γὰρ τὸ τιμιώτερον καὶ δυνάμει b
καὶ χρόνῳ· ἀλλὰ πρεσβυτέραν ἐποίη)· 21 μοῖραν ἀφαιρέων τὰν πράταν
μονάδων οὖσαν τεττόρων ποτὶ ὀκτὼ δεκάσι καὶ τρισὶν ἑκατοντάσι.
ταύτας δὲ τάν τε διπλασίαν καὶ τριπλασίαν ῥᾷον συλλογίξασθαι
ἑσταμένω τῶ πράτω. δεῖ δ' εἶμέν πως πάντας σὺν τοῖς συμπληρώμασι
καὶ τοῖς ἐπογδόοις ὅρους ἓξ καὶ τριάκοντα, τὸν δὲ σύμπαντα ἀριθμὸν
γενέσθαι μυριάδων ια καὶ τετόρων χιλιάδων ἑξακατίων ϙε. c

22 ταὶ δὲ διαιρέσιες αὗταί ἐντι· [μυριάδες ͵ιαδ]

208, 10 παντᾶ Par. 1810 πάντα NBE. ποττ' E. 11 κατὰ τὰν N. 12 τῆς B. χρείας NE s.l. χερείας BE. τε om. BE^1. διᾶκται M^2 διῶκται NBE. 13 τῶι κόσμωι B. μεσσόθεν E. ἐπάγαγεν ἔξω, interpunx. Bekker, Hermann. 14 ἀμερίστου N. 16 δυνάμεις BE. κινάσεων BE. ταυτῶ M^2 αὐτῶ NBE. 17 ἃ om. B^1. δὴ om. BE. ἔασσα B^1M^2 ἐᾶσα B^2 (vel B^1 v.l.) ἐοῦσα NE. 18 ἁρμονικὼς E ἀρ- NB. οὓς NEB^2. λόγους NB^2. 19 μοίρας conieci μοῖραν codd. ἀγνοεῖν E. **209**, 1 συνέστακεν scripsi συνέστηκεν N συνεστάκει B^2E συνεστάκειαν (ἂν om.) B^1. συνεστάξατο B^1E. 2 λέγομεν B. ἀμές N ἄμες B ἄμμες E. 3 ἐποίη Bekker ποιῆι B ἐποίει NE. μοῖραν (vel post μίαν add.) Marg μίαν NBE. 4 οὐσᾶν Bekker. 5 τὰν τριπλασίαν N. 6 πρώτω N. εἶμες N. συμπληρώμασι BE συμπλήρωσι N λήμμασι recc. 7 καὶ [2] om. N. 8 μυριάδων (compend.) ια BE μιᾶς N. τετόρων B τεττόρων E τεττάρων N. ἑξακατίων Thesleff ἑξάτειαν NBE ἑξακοσίων vulg. 9 μυριάδες (compend.) ͵ιαδ NBE delevi cum Ashb. 1599.

oder andern dazunimmt, weil sie von der Mitte nach allen Seiten
gleich ist. 17 Auf seiner äußeren Oberfläche ist er mit Genauigkeit 17
ganz glatt und bedarf nicht sterblicher Organe, die wegen der
Bedürfnisse den andern Wesen beigegeben und ausgegliedert sind.

18 Die Seele der Welt brachte er herzu und knüpfte sie in der 18
Mitte an und hüllte sie außen ganz mit ihr ein; er mischte sie als
eine Mischung aus der unteilbaren Gestalt und der teilbaren Wesen-
heit, so daß eine einheitliche Mischung aus diesen beiden entstand.
Ihr mischte er zwei Kräfte zu, die Ursprünge der Bewegungen, der
Bewegung des Gleichen und der des Anderen; diese, da sie schlecht
mischbar ist, mischte sich nicht allzu leicht bei. 19 Die folgenden 19
Verhältnisse sind alle nach harmonischen Zahlen in der Mischung
vorhanden. Diese Verhältnisse hat er in der Trennung nach den
Teilen aufgestellt für die wissenschaftliche Erkenntnis, damit man
nicht in Unklarheit bleibt, aus welchen Teilen und durch welche
Mittel die Seele zusammengesetzt ist; 20 (welch letztere der Gott 20
nicht später als die körperliche Wesenheit zusammenstellte, wie wir
es darstellen — denn das Wertvollere geht voran nach Vermögen
und nach Zeit — vielmehr machte er sie vorher;) 21 wobei er einen 21
Teil als den ersten abnahm, der aus 4 Einern und 8 Zehnern und
3 Hundertern besteht. Von diesem kann man leicht den doppelten
und dreifachen Teil berechnen, wenn das erste feststeht. Mit den
Auffüllungen ‹durch die beiden Mittel› und den Ganztönen
müssen es im Ganzen 36 Glieder sein, die Gesamtzahl muß 114695
ergeben.

22 Die Teilungen sind folgende: 22

	1.	2.	3.	4.	5.	6.	7.	
	384	432	486	512	576	648	729	
		48	54 λ	26	64	72	81 λ	
	8.	9.	10.	11.				
doppelt	768	864	972	1024				
	39	96	108 λ	52				
	12.	13.	14.					
dreifach	1152	1296	1458					
	128	144	162 λ					
	15.	16.	17.	18.	19.	20.	21.	22.
vierfach	1536	1728	1944	2048	2187	2304	2592	2916
	78	192	216 λ	164 ἀπ.	139 λ	117	288	324 λ

210 α′ [ἐπόγδοος] τπδ (384). β′ [σμγ (243)] υλβ (432) μη (48). γ′ [πρὸς σνς (256)] υπς (486) νδ (54). δ′ [ἐπόγδοος] φιβ (512) κς (26)· ἐπίτριτος τοῦ πράτου ὁ φιβ (512)· ὑπερέχει γὰρ αὐτοῦ τοῖς ρκη (128)· <. . . .> ὑπερέχεται δὲ ὑπὸ τοῦ ὀγδόου τοῖς σνς (256). ε′ [ἡμιόλιος] φος (576) ξδ (64)· <. . . .>. ἔστι δὲ καὶ ἡμιόλιος τοῦ πράτου ὁ φος· ὑπερέχει γὰρ αὐτοῦ τοῖς ρϙβ (192)· καὶ αὐτὸς τοσούτοις ὑπερέχεται ὑπὸ τοῦ ψξη (768). ς′ [ἐλάττων] χμη (648) οβ (72). ζ′ ψκθ (729) πα (81).

η′ ψξη (768) λθ (39). θ′ ωξδ (864) ϙς (96). ι′ ϡοβ (972) ρη (108). ια′ ,ακδ (1024) νβ (52)· ἐπίτριτος τῷ ὀγδόῳ, ὃ ἦν τῷ πράτῳ διαστάματος καὶ τῷ τρίτῳ μέσον κατ’ ἀριθματικάν· ὑπερέχει δὲ αὐτῶ σνς (256)· ὁ δὲ αὐτὸς ἔσται <ἁρμονικὸς> μέσος τῶ τε ψξη (768) καὶ τῶ ,αφλς 1536).

ιβ′ ,αρνβ (1152) ρκη (128)· ἁμιόλιος τοῦ ὀγδόου ὁ ,αρνβ· ὑπερέχει γὰρ τπδ (384)· ὁ δὲ αὐτὸς μέσος κατ’ ἀριθμητικάν· τοῦ μὲν γὰρ ὑπερέχει <τπδ (384)>, ὑπὸ τοῦ δὲ ὑπερέχεται τοῦ ,αφλς (1536). ιγ′ ,ασϙς (1296) ρμδ (144). ιδ′ ,αυνη (1458) ρξβ (162).

ιε′ ,αφλς (1536) οη (78)· ἡμιόλιος τοῦ ια′, ὅς ἐστιν ἁρμονικὸς τοῦ β′ καὶ δ′ διαστήματος· ἐπίτριτος τοῦ ,αρνβ (1152), ὅς ἐστιν ἀριθμητικὸς τοῦ β′ καὶ δ′ διαστήματος· ὑπερέχει γὰρ αὐτοῦ τπδ (384). ις′ ,αψκη (1728) ρϙβ (192)· ἁμιόλιος τοῦ ,αρνβ (1152), ὃς ἦν μέσος κατ’ ἀριθμητικὰν τοῦ β′ καὶ δ′ διαστήματος· ὑπερέχει δὲ αὐτοῦ φος (576). ὁ δὲ αὐτὸς μέσος καθ’ ἁρμονικὰν τοῦ γ′ καὶ θ′ διαστήματος· τῷ γὰρ ἁμίσει ὑπερέχει τε τοῦ γ′ καὶ ὑπερέχεται
211 ὑπὸ τοῦ θ′· ὑπερέχει μὲν φος (576), [καὶ] ὑπερέχεται δὲ ,αψκη (1728). ιζ′ ,αϡμδ (1944) σις (216). ιη′ ,βμη (2048) ρδ (104)· ἐπίτριτος τῶ ιε′· ὑπερέχει γὰρ αὐτοῦ φιβ (512). ἁρμονικὸς τοῦ δ′ καὶ η′ διαστήματος· τῷ γὰρ τρίτῳ μέρει τῶν ἄκρων οὗ μὲν ὑπερέχει, ὑφ’ οὗ δὲ ὑπερέχεται· ὑπερέχει μὲν φιβ

210, 1 α′ — **212**, 24 εἰκοσαπλάσιος N in textu; L² in fine quaternionis f. 197r+v, E — **211**, 12 ἁμιτόνιον in margine, inde in fine (quod perditum est, sed est in V et W); E et L² dependent ex N, vide supra p. 60 ss. 1 ἐπόγδοος seclusi. σμγ (ςμγ N) (i.e. dimidium proximi numeri) secl. 2 προς σνς (ςνς N) (i.e. dimidium prox. num.) secl. ἐπόγδοος secl. 3 αὐτὸν N. 4 ἡμιόλιος secl. 6 ἐλάττων secl. 13 ἀριθητικὰν N. 14 τπδ addidi. ,ασϙς: ,ασλς N. 19 τοῦ β′ καὶ δ′: β′ καὶ δ′ N. 20 κατ’ ἁρμονικὰν N. 21 θ′: ἐνάτου N. **211,** 1 καὶ om. E. ,αψκη: ,αφκη N 3 ἁρμονικὸς: -κῶς N. 4 ὑφ’ E ἐφ’ N.

	23.							
achtfach	3072							
	156							
	24.	25.	26.	27.	28.	29.	30.	31.
neunfach	3456	3888	4374	4608	5184	5832	6144	6561
	284	432	486 λ	234	576	648 λ	312 ἀπ.	417 λ
	32.	33.	34.	35.				
	6912	7776	8748	9216				
	351	864	972 λ	468				
	36.							
siebenund-zwanzig-fach	10368							
	1152							

210 1) 384 2) $\genfrac{}{}{0pt}{}{432}{48}$ 3) $\genfrac{}{}{0pt}{}{486}{54}$ 4) $\genfrac{}{}{0pt}{}{512}{26}$ 512 ist 4/3 (eine Quart) vom ersten Glied; es ist nämlich 128 größer als dies; <es ist auch harmonisches Mittel des 1. und 8. Gliedes, um 1/3 größer und kleiner als diese, 128 größer als das 1.,> 256 aber kleiner als das 8. Glied. 5) $\genfrac{}{}{0pt}{}{576}{64}$ <576 ist harmonisches Mittel des 1. und 3. Vielfachen, um 1/2 größer und kleiner als diese>. Es ist aber auch 3/2 (eine Quint) vom ersten Glied die Zahl 576; sie ist nämlich 192 größer als dieses; und zugleich ist sie um ebensoviel kleiner als 768 (arithmetisches Mittel). 6) $\genfrac{}{}{0pt}{}{648}{72}$ 7) $\genfrac{}{}{0pt}{}{729}{81}$

8) $\genfrac{}{}{0pt}{}{768}{39}$ 9) $\genfrac{}{}{0pt}{}{864}{96}$ 10) $\genfrac{}{}{0pt}{}{972}{108}$ 11) $\genfrac{}{}{0pt}{}{1024}{52}$ 4/3 von dem 8. Glied — das vom 1. und 3. Vielfachen (= 1. und 12. Glied) das arithmetische Mittel war —; es ist 256 größer als das 8. Glied. Zugleich ist es das (harmonische) Mittel von 768 und und der späteren Zahl 1536.

12) $\genfrac{}{}{0pt}{}{1152}{128}$ 1152 ist 3/2 von dem 8. Glied; es ist nämlich 384 größer. Die Zahl ist zugleich arithmetisches Mittel; denn sie ist <384> größer als die eine, kleiner als die andere, nämlich als 1536. 13) $\genfrac{}{}{0pt}{}{1296}{144}$ 14) $\genfrac{}{}{0pt}{}{1458}{162}$

15) $\genfrac{}{}{0pt}{}{1536}{78}$ 3/2 von dem 11. Glied — das harmonisches Mittel vom 2. und 4. Vielfachen ist —; 4/3 von 1152 — welches arithmetisches Mittel vom 2. und 4. Vielfachen ist —; denn 1536 ist 384 größer als 1152. 16) $\genfrac{}{}{0pt}{}{1728}{192}$ 3/2 von 1152 — welches arithmetisches Mittel des 2. und 4. Vielfachen war —; es ist 576 größer als 1152. Zugleich ist es harmonisches Mittel vom 3. und 9. Vielfachen; denn um die Hälfte ist es größer als das 3. und kleiner als das 9. Vielfache;
211 größer ist es 576, kleiner 1728. 17) $\genfrac{}{}{0pt}{}{1944}{216}$ 18) $\genfrac{}{}{0pt}{}{2048}{104}$ 4/3 von dem 15. Glied; es ist nämlich 512 größer als dies. Harmonisches Mittel vom 4. und 8. Vielfachen; denn um den dritten Teil der Endglieder ist es einerseits größer,

(512), ὃ ἦν τρίτον, ὑπερέχεται δὲ ὑπὸ τοῦ τρίτου <,ακδ (1024)>. ιθ' ,βρπζ (2187) ρλθ (139)· ἐπόγδοος ὁ ,βρπζ (2187) τοῦ ιζ', μεῖζον ἀμιτονίου διέχων ἀπὸ τοῦ ιη'· ἔλαττον δὲ ἀπὸ τοῦ κ'· ἐπεὶ γὰρ τόνον μὲν αὐτὸς ἀπέχει ἀπὸ τοῦ ιζ', ὁ δὲ ιζ' ἀπὸ τοῦ ιη' τὸ λεγόμενον ἔλαττον ἀμιτόνιον, πάντως τὸ λοιπὸν τοῦ τόνου οὗτος ἀπέχει ἀπὸ τοῦ ιη'· τοῦτο δ' ἦν μεῖζον ἀμιτόνιον, ἀφαιρεθέντος ἐλάττονος. πάλιν δ' ἐπεὶ ὁ ιη' τόνον ἀπέχει τοῦ κ', τὸ δὲ μεῖζον ἀμιτόνιον ὁ ιθ' ἀπέχει τοῦ ιη', τὸ καταλειπόμενον λεῖμμα ἀφέξει τοῦ κ'· τοῦτο δ' ἦν ἔλαττον ἀμιτόνιον. κ' ,βτδ (2304) ριζ (117)· ἀμιόλιος ὁ ,βτδ (2304) τοῦ ιε'· ἐπόγδοος δὲ τοῦ ιη'· ὁ γὰρ ιθ' συμπληροῦται ὡς δέδεικται ἐλάττονι καὶ μείζονι ἀμιτονίῳ· ἐπίτριτος δὲ τοῦ ις', ὃς ἦν μὲν ἀμιόλιος τοῦ ιβ'. μέσος δὲ τοῦ ,γοβ (3072) καὶ τοῦ δ' <διαστάματος>· ὑπερέχει γὰρ καὶ ὑπερέχεται ψξη (768). ὁ δ' αὐτὸς μέσος τοῦ τε θ' καὶ γ' διαστήματος, καὶ <οὗτος> ἀριθμητικός· ὑπερέχει γὰρ καὶ ὑπερέχεται ,αρνβ (1152). κα' ,βφϙβ (2592) σπη (288). κβ' ,βϡις (2916) τκδ (324).

κγ' ,γοβ (3072) ρνς (156)· ἐπίτριτος ὁ ,γοβ (3072) τοῦ κ'· ὃς ἦν ἡμιόλιος μὲν τοῦ ιε', ἐπόγδοος δὲ τοῦ ιη', ἐπίτριτος τοῦ ις', μέσος δὲ κατὰ ἀναλογίαν δύο διαστημάτων τοῦ δ' καὶ τοῦ η', ὡσαύτως δὲ τοῦ γ' πρὸς θ'. ὑπερέχει δὲ αὐτοῦ ψξη (768)· ἀμιόλιος δὲ τῶ ιη'· ὑπερέχει γὰρ αὐτοῦ ,ακδ (1024)· ἦν δὲ ὁ ιη' ἁρμονικὸς μὲν δ' καὶ η' διαστήματος· ἐπίτριτος δὲ τῶ ιε'.

212 κδ' ,γυνς (3456) τπδ (384). ἡμιόλιος τοῦ κ'· ὑπερέχει γὰρ αὐτοῦ ,αρνβ (1152). κε' ,γωπη (3888) υλβ (432). κς' ,δτοδ (4374) υπς (486). κζ' ,δχη (4608) σλδ (234). κη' ,ερπδ (5184) φος (576)· ἀμιόλιος ,ερπδ (5184) τοῦ κδ', ὃς ἦν ἀμιόλιος τοῦ κ'· ὑπερέχει δὲ αὐτοῦ ,αψκη (1728). ὁ δὲ αὐτὸς ἁρμονικὸς τοῦ τε θ' διαστήματος καὶ τοῦ κζ'· τῷ γὰρ ἀμίσει τῶν ἄκρων αὐτοῦ ὑπερέχει τε καὶ ὑπερέχεται· <καὶ> ὑπερέχει μὲν τοῦ κδ', ὑπερέχεται δὲ ὑπὸ τοῦ λβ' τῷ αὐτῷ. κθ' ,εωλβ (5832) χμη (648). λ' ,ςρμδ (6144) τιβ (312). λα' ,ςφξα (6561) υιζ (417)· ὁ ,ςφξα (6561) τὸν αὐτὸν ἔχει λόγον ποτὶ τὼ περὶ αὐτόν, ὅνπερ εἶχεν ὁ ιθ' ποτὶ τὼ περὶ αὐτόν· οὗτος γὰρ ἐπόγδοός ἐστι τοῦ κθ', μεῖζον ἀμιτονίου τοῦ λ' ἀπέχει, ἔλαττον δὲ τοῦ λβ'· οὗτος γὰρ τόνον ἀπέχει τοῦ λ'· ἀφ' οὗ αὐτὸς μεῖζον ἀμιτονίου διέστακε.

λβ' ,ςϡιβ (6912) τνα (351)· ἐπίτριτος ὁ ,ςϡιβ (6912) τοῦ κη', ὃς ἦν ἡμιόλιος τῶ κδ' καὶ ἁρμονικὸς τῶν τελευταίων διαστημάτων· ὑπερέχει δὲ αὐτοῦ ,αψκη (1728). ὁ δ' αὐτὸς κατ' ἀριθμητικὰν μέσος τῶν ἄκρων· τοῦ μὲν γὰρ θ' <διαστάματος> ὑπερέχει ,γυνς (3456), τοῦ δὲ λς' ὑπερέχεται τῷ ἴσῳ.

λγ' ,ζψος (7776) ωξδ (864)· ὁ ,ζψος ἀμιόλιος τοῦ κη'. τοῦ δὲ τελευταίου λείπει γ. λδ' ,ηψμη (8748) ϡοβ (972). λε' ,θσις (9216) υξη (468).

λς' α̲τξη (10368) ,αρνβ (1152).

23 τὸ πᾶν τετράκις διὰ πασῶν καὶ διὰ πέντε καὶ τόνος, μέχρι τοῦ ἑπτὰ καὶ εἰκοσαπλασίου. τὸ πρῶτον διὰ πασῶν διπλάσιον, τὸ δεύτερον τετραπλάσιον

211, 5 ,ακδ add. ,βρπζ: ,σρπζ N. 10 κ': ιζ' N. 11 λεῖμμα (?) . . . τιμα chart del. N αἴτιμα, η supra ι E, αἴτημα L; corruptela in N probabilis est. ἀφέξει scripsi ἐφέξει N 14 ιβ'; chart. del. in N. 15 δ': θ' N. διαστάματος add. 16 γ': δ' N. οὗτος add. 21 ὡσαύτως scripsi ἁρμονικῶς N. 22 αὐτοῦ²: αὐτὸν N. **212,** 1 verba ἡμιόλιος — 2 ,αρνβ ante κδ' leg. in N, post τπδ transposui. 2 υλβ: υπβ N. 3 σλδ: φλδ N. 4 ,αψκη: ὁ ψκη N. 5 ἁρμονικὸς scripsi -ῶς N. 6 καὶ add. 7 ,εωλβ: ,εωλθ N. 9 αὐτόν: αὐτοῦ N. ιθ': κθ' N. 12 ,ςϡιβ²: ςλβ N. 13 ἁρμονικὸς scripsi -ῶς N. 15 διαστάματος add. 17 ,θσις: ,θσιζ N.

andererseits kleiner, größer 512, welches ein Drittel gab, kleiner aber um ein Drittel, 1024. 19) $\genfrac{}{}{0pt}{}{2187}{139}$ 2187 ist 9/8 von dem 17. Glied, mehr als einen Halbton von dem 18. Glied entfernt, weniger aber ‹als einen Halbton› von dem 20. Denn da 2187 seinerseits einen Ton von dem 17. Glied entfernt ist, das 17. aber von dem 18. den sogenannten kleineren Halbton, ist 2187 demgemäß den Rest des Tons von dem 18. entfernt. Dies war aber ein größerer Halbton, wenn der kleinere abgezogen wird. Andererseits: da das 18. Glied einen Ton Abstand vom 20. hat, das 19. aber vom 18. den größeren Halbton entfernt ist, so ist das übriggebliebene ein Leimma vom 20. Glied entfernt; das ist der kleinere Halbton. 20) $\genfrac{}{}{0pt}{}{2304}{117}$ 2304 ist 3/2 von dem 15. Glied, 9/8 vom 18. Das 19. ist nämlich, wie gezeigt ist, eine Auffüllung durch den größeren und kleineren Halbton. 4/3 von dem 16. Glied — welches 3/2 vom 12. war —. (Arithmetisches) Mittel von 3072 und dem 4. Vielfachen; es ist nämlich 768 größer und kleiner. Zugleich Mittel vom 9. und 3. Vielfachen, und zwar auch arithmetisch; es ist nämlich 1152 größer und kleiner. 21) $\genfrac{}{}{0pt}{}{2592}{288}$ 22) $\genfrac{}{}{0pt}{}{2916}{324}$

23) $\genfrac{}{}{0pt}{}{3072}{156}$ 3072 ist 4/3 von dem 20. Glied — das 3/2 vom 15., 9/8 vom 18., 4/3 vom 16., Mittel nach der Entsprechung von zwei Vielfachen, des 4. und 8., ebenso vom 3. gegen das 9. war —; 3072 ist um 768 größer als es (das 20. Glied). 3/2 von dem 18. Glied; es ist nämlich 1024 größer als es — das 18. Glied aber war harmonisches Mittel vom 4. und 8. Vielfachen, 4/3 vom 15. Glied.
212 24) $\genfrac{}{}{0pt}{}{3456}{384}$ 25) $\genfrac{}{}{0pt}{}{3888}{432}$ 26) $\genfrac{}{}{0pt}{}{4374}{486}$ 27) $\genfrac{}{}{0pt}{}{4608}{234}$ 28) $\genfrac{}{}{0pt}{}{5184}{576}$ 5184 ist 3/2 von dem 24. Glied — das 3/2 von dem 20. war, es ist nämlich 1152 größer als dies —; es ist 1728 größer als es. Zugleich ist es harmonisches Mittel vom 9. und 27. Vielfachen; denn um die Hälfte seiner Endglieder ist es größer und kleiner. Und ist auch um das Gleiche größer als das 24., kleiner als das 32. Glied. 29) $\genfrac{}{}{0pt}{}{5832}{648}$ 30) $\genfrac{}{}{0pt}{}{6144}{312}$ 31) $\genfrac{}{}{0pt}{}{6561}{417}$ 6561 hat dasselbe Verhältnis zu den beiden umgebenden Gliedern wie es das 19. zu den beiden umgebenden hatte. Es (6561) ist nämlich 9/8 von dem 29. Glied, ist mehr als einen Halbton vom 30. entfernt, weniger vom 32. Dieses ist nämlich vom 30. einen Ton entfernt, von dem es selbst (das 31.) mehr als einen Halbton entfernt ist. 32) $\genfrac{}{}{0pt}{}{6912}{351}$ 6912 ist 4/3 von dem 28. Glied — das 3/2 von dem 24. war und harmonisches Mittel von den letzten Grundabständen —; 6912 ist 1728 größer als es. Zugleich ist es arithmetisches Mittel der Endglieder (= der beiden Grundabstände, des 9- und 27-fachen); denn es ist 3456 größer als der 9fache Grundabstand, um das Gleiche kleiner als das 36. Glied. 33) $\genfrac{}{}{0pt}{}{7776}{864}$ 7776 ist 3/2 von dem 28. Glied; bis zum letzten sind es noch drei Glieder. 34) $\genfrac{}{}{0pt}{}{8748}{972}$ 35) $\genfrac{}{}{0pt}{}{9216}{468}$

36) $\genfrac{}{}{0pt}{}{10368}{1152}$

23 Das Ganze: viermal eine Oktave und eine Quint und ein Ton, bis zum 23
Siebenundzwanzigfachen. Die 1. Oktave das Doppelte, die 2. das Vierfache

πρὸς τὴν αὐτὴν ἀρχήν, τὸ τρίτον ὀκταπλάσιον πρὸς τὸ αὐτό, τὸ τέταρτον ἑκκαιδεκαπλάσιον. τὸ δ' ἐπὶ τοῦτο διὰ πέντε (τὸ αὐτὸ καὶ ἡμιόλιον)· τέσσαρες καὶ εἰκοσαπλάσιον τῆς ἀρχῆς. τὸ δὲ τελευταῖον ἐπόγδοον, ἑπτὰ καὶ εἰκοσαπλάσιον τῆς ἀρχῆς· τῶν γὰρ τπδ (384) ὁ ατξη (10368) ἑπτὰ καὶ εἰκοσαπλάσιος.

213 τὰν μὲν ὦν τῶ ὅλω ψυχὰν ταύτᾳ πως διεῖλε.
24 Θεὸν δὲ τὸν μὲν αἰώνιον νόος ὁρῇ μόνος, τῶν πάντων ἀρχαγὸν
καὶ γενέτορα τουτέων. τῶν δὲ γεννατῶν ἕκαστον μὲν τᾷ ὄψει ὁρέομες,
κόσμον δὲ τόνδε κατὰ μέρεα αὐτῶ ὁκόσα ὠράνιά ἐντι· τάπερ αἰθέρια
ὄντα διαιρετὰ δίχα, ὡς τὰ μὲν τᾶς ταὐτῶ φύσιος εἶμεν, τὰ δὲ τᾶς τῶ
ἑτέρω. 25 ὧν τὰ μὲν ἔξωθεν ἄγει πάντα ἐν αὐτοῖς τὰ ἐντὸς ἀπ' ἀνατολᾶς
ἐπὶ δύσιν τὰν καθ' ἁμέραν κίνασιν, τὰ δὲ τᾶς τῶ ἑτέρω ἐντὸς ἀπὸ d
ἑσπέρας [τὰ] ποθ' ἕω μὲν ἐπαναφερόμενά τε καὶ καθ' αὐτὰ κινεόμενα,
συμπεριδινέεται δὲ κατὰ συμβεβηκὸς τᾷ ταὐτῶ φορᾷ, κράτος ἐχοίσᾳ
ἐν κόσμῳ κάρρον. 26 ἁ δὲ τῶ ἑτέρω φορὰ μεμερισμένα καθ' ἁρμονικὼς
214 λόγως ἐς ἑπτὰ κύκλως συντέτακται. ἁ μὲν σελάνα ποτιγειοτάτα ἔασσα
ἔμμηνον τὰν περίοδον ἀποδίδωτι, ὁ δ' ἅλιος μετὰ ταύταν ἐνιαυσίῳ e
χρόνῳ τὸν αὐτῶ κύκλον ἐκτελεῖ. δύο δ' ἰσόδρομοι ἀελίῳ ἐντί, Ἑρμᾶ
τε καὶ Ἥρας, τὸν Ἀφροδίτας καὶ φωσφόρον τοὶ πολλοὶ καλέοντι. 27
νομῆς γὰρ καὶ πᾶς ὅμιλος οὐ σοφὸς τὰ περὶ τὰν ἱερὰν ἀστρονομίαν ἐστὶν
οὐδ' ἐπιστάμων ἀνατολᾶν τᾶν ἑσπεριᾶν καὶ ἑῳᾶν· ὁ γὰρ αὐτὸς ποκὰ
μὲν ἕσπερος γίγνεται, ἑπόμενος τῷ ἁλίῳ τοσοῦτον ὁκόσον μὴ ὑπὸ
τᾶς αὐγᾶς αὐτῶ ἀφανισθῆμεν, ποκὰ δὲ ἑῷος, αἴκα προαγέηται τῶ 97a
ἁλίω καὶ προανατέλλῃ ποτ' ὄρθρον. φωσφόρος ὦν πολλάκις μὲν γίγνεται
ὁ τᾶς Ἀφροδίτας διὰ τὸ ὁμοδρομῆν ἁλίῳ, οὐκ αἰεὶ δέ· ἀλλὰ πολλοὶ
μὲν τῶν ἀπλανέων, πολλοὶ δὲ τῶν πλαζομένων, πᾶς δ' ἐν μεγέθει
ἀστὴρ ὑπὲρ τὸν ὁρίζοντα πρὸ ἁλίου προγενόμενος ἁμέραν ἀγγέλλει. 28
τοὶ δ' ἄλλοι τρεῖς, Ἄρεός τε καὶ Διὸς καὶ Κρόνω, ἔχοντι ἴδια τάχεα b

---

212, 22 τοῦτο scripsi τούτω N. **213,** 19 ταύται B ταύτα NE. διεῖλεν N. 21 γενατῶν N. ἕκαστον om. W, inde τὸν δὲ γεννατὸν M^2. μὲν τᾷ N om. BE. 22 κόσμον δὲ τόνδε κατὰ E^1 κόσμον δὲ (τε M^2) τόνδε (om. B^2) καὶ κατὰ (καὶ τὰ M^2) $NB^2E^2M^2$ κοσμότερον δὲ κατὰ B^1. 23 διαιρετὰ BE καὶ διαιρέεται N. τὰ δὲ τᾶς τῶ N τὰ δὲ τῶ W(E?) τᾶς δὲ τῶ B. 25 ἁμέραν Hermann (Durh. C IV 2 ? cf. p. 47) ἅπαν NBE ἁπλοῦν W v.l. (= E v.l.). κίνησιν E. 26 τὰ delevi. 27 δ' αὐτῷ B. **214,** 1 λόγους N λόγω B^1. εἰς N om. B. κύκλως συντέτακται· ἁ μὲν ὦν (ὦν delevi) σελάνα M^2 vulg. κύκλως· συντέτακται δὲ ἁ μὲν σελάνα NBE. 2 ἀποδίδωσιν N. 3 αὐτῶ BE αὐτὸν N. ἁλίω N. ἑρμᾶ NM^2 ἑρμᾶς BE. 5 νομῆς E νομεῖς N. τὴν NE. ἐντὶ M^2. 6 τῶν N. ἑσπερίαν B ἑσπερίων N ἑσπέραν E. 7 γίνεται NB. ὁπόσον B. 8 ἐναφανισθῆμεν N. ἕωος (α superscr.) E. τῶ ἁλίω B (ἡλ-) N om. E. 9 προανατέλλει N. ποτ' ὄρθρον NB^2E ποτορέων B^1. γίνεται NBE. 10 ὁμοδρομεῖν NE. οὐκ αἰεὶ BE (ἀεὶ) N οὐχ εἷς Stephanus. 11 τῶν[1] om. N. 13 ἄρεως N. κρόνου BE. ἔχοντε B.

auf den gleichen Anfang bezogen, die 3. das Achtfache auf dasselbe bezogen, die 4. das Sechzehnfache. Das Folgende eine Quint — 3/2 ist dasselbe —; das Vierundzwanzigfache des Anfangs. Das Letzte ein Ganzton, das Siebenundzwanzigfache des Anfangs; denn von 384 ist 10368 das Siebenundzwanzigfache.

So etwa also teilte er die Seele des All ein.

24 Gott den ewigen sieht allein der Geist, den Anführer der 24
gesamten Dinge und Schöpfer der diesseitigen. Von dem Geschaffe-
nen aber sehen wir das Einzelne mit dem Gesicht, den diesseitigen
Kosmos aber (erkennen wir sehend) an all seinen Teilen, die himm-
lisch sind. Welche als ätherische sich in zweierlei aufteilen lassen,
so, daß das eine von der Art des Gleichen ist, das andere von der
des Ungleichen. 25 Von welchen das eine, außen, alles was innen ist 25
mit sich führt, von Aufgang nach Untergang in der täglichen
Bewegung; das andere aber von der Art des Ungleichen, innen,
bewegt sich einerseits von Abend nach Morgen dagegen und
macht seine Eigenbewegung, dreht sich aber zusätzlich mit dem
Schwung des Gleichen, der im Kosmos die stärkere Kraft hat.
26 Der Schwung des Ungleichen ist nach harmonischen Verhält- 26
nissen geteilt und zu sieben Kreisen zusammengesetzt. Der Mond
als erdnächster vollführt die Kreisbewegung in einem Monat. Die
Sonne hinter ihm vollendet ihren Kreis in Jahresfrist. Zwei laufen
mit der Sonne gleich, der Stern des Hermes und der der Hera, den
die meisten Stern der Aphrodite und 'Lichtbringer' (Morgenstern)
nennen. 27 Hirten nämlich und alles gewöhnliche Volk sind nicht 27
gebildet in den Dingen der heiligen Astronomie und verstehen nichts
von abendlichen und morgendlichen Aufgängen. Der gleiche Stern
ist nämlich bald Abendstern, wenn er der Sonne in solchem Abstand
folgt, daß er nicht durch ihren Glanz verschwindet, bald Morgen-
stern, wenn er der Sonne vorangeht und gegen Morgen vorher auf-
geht. 'Morgenstern' ist der Stern der Aphrodite also häufig, wegen
der Gleichläufigkeit mit der Sonne, aber nicht immer; aber viele
von den festen, viele auch von den Wandelsternen, jeder einiger-
maßen große Stern, der vor der Sonne über den Horizont kommt,
melden den Tag an. 28 Die andern drei, der Stern des Ares, des 28
Zeus und des Kronos, haben eigene Geschwindigkeiten und un-

καὶ ἐνιαυτὼς ἀνίσως. ἐκτελέοντι δὲ τὸν δρόμον περικαταλάψιας ποιεύμε-
νοι φάσιάς τε καὶ κρύψιας καὶ ἐκλείψιας γεννῶντες, ἀτρεκέας τε ἀνατολὰς
καὶ δύσιας, ἔτι δὲ φάσιας φανερὰς ἑῴας ἢ ἑσπερίας ἐκτελέοντι ποτὶ
τὸν ἅλιον· 29 ὃς ἁμέραν ἀποδίδωτι τὸν ἀπ' ἀνατολᾶς ἐπὶ δύσιν αὐτῶ c
δρόμον, νύκτα δὲ τὸν ἀπὸ δύσεως ἐπ' ἀνατολάν· ἃν κίνασιν κατ' ἄλλο
ποιέεται, ἀγόμενος ὑπὸ τᾶς ταὐτῶ φορᾶς, ἐνιαυτὸν δὲ κattὰν αὐτῶ
καθ' ἑαυτὸν κίνασιν. ἐκ δὲ τουτέων τῶν κινασίων, δύο ἐασσᾶν, τὰν
ἕλικα ἐκτυλίσσει, ποθέρπων μὲν κατὰ μίαν μοῖραν ἐν ἁμερησίῳ χρόνῳ,
περιδινεύμενος δὲ ὑπὸ τᾶς τῶν ἀπλανέων σφαίρας καθ' ἑκάσταν περίοδον
ὄρφνας καὶ ἁμέρας.

215 30 Χρόνω δὲ μέρεα τάσδε τὰς περιόδως λέγοντι, ὃν ἐγέννασεν
ὁ θεὸς σὺν κόσμῳ. οὐ γὰρ ἦν πρὸ κόσμω ἄστρα· διόπερ οὐδ' ἐνιαυτὸς
οὐδ' ὡρᾶν περίοδοι, αἷς μετρέεται ὁ γεννατὸς χρόνος οὗτος. εἰκὼν δ' d
ἐστὶ τῶ ἀγεννάτω χρόνω, ὃν αἰῶνα ποταγορεύομες· ὡς γὰρ ποτ' ἀίδιον
παράδειγμα, τὸν ἰδανικὸν κόσμον, ὅδε ὠρανὸς ἐγεννάθη, [οὕτως] ὣς
ποτὶ παράδειγμα, τὸν αἰῶνα, ὅδε χρόνος σύν κόσμῳ ἐδαμιουργήθη.

31 Γᾶ δ' ἐν μέσῳ ἱδρυμένα ἑστία θεῶν ὧρός τε ὄρφνας καὶ ἀῶς
γίνεται δύσιάς τε καὶ ἀνατολὰς γεννῶσα κατ' ἀποτομὰς τῶν ὁριζόντων,
ὣς τᾷ ὄψει καὶ τᾷ ἀποτομᾷ τᾶς γᾶς περιγραφόμεθα. πρεσβίστα δ' ἐντὶ e
τῶν ἐντὸς ὠρανῶ σωμάτων· οὐδέ ποκα ὕδωρ ἐγεννάθη δίχα γᾶς, οὐδὲ
μάν τοι ἀὴρ χωρὶς ὑγρῶ, πῦρ τε ἔρημον ὑγρῶ καὶ ὕλας ἃς ἐξάπτοι οὐκ ἂν

215, 7 γᾶ — ἱδρυμένα citat Proclus in Tim. 40 bc, 3 p. 138, 6 D. = test. 12 e; γᾶ — 8 ὁριζόντων citat Simplicius de caelo CAG 7 p. 517, 23 = test. 14 e.
9 πρεσβίστα — 10 σωμάτων et 12 ὥστε ῥίζα — 13 ῥοπᾶς citat Simplicius ibid. p. 517, 25 et 26 = test. 14 e; πρεσβίστα — 12 γᾶ p. 646, 6 = test. 14 f.

214, 14 περὶ καταλάψιας N, E? περικαταλάμψιας B. 16 ἑσπερίως BE. ποτὲ N. 17 τὸν^2 BE τὰν N. αὐτῶι B. 18 τὸν (Ashb. 1599 τὸ N) . . . ἀνατολάν· ἃν κίνασιν N τὰν . . . ἀνατολὰν κίνασιν· BE. δύσεως NBE δύσιος Par. 1810 M^2. 19 κατὰ τὰν N. 20 κίνησιν N. κινάσεων E. ἐασσᾶν N ἐασᾶν M^2 ἔσσαν BE. 21 ποθέρπων codd. προέρπων? conicio. 22 περιδινευόμενος E. **215,** 1 χρόνωι B. δὲ μέρεα N δὲ τὰ μέρεα BE. περιόδους N. ὃν NBE ἃς (ἐκόσμησεν) Marc. 517. ἐγέννασεν N ἐκόσμησεν BE. 3 ὡρεᾶν B^{1}E, recte? περίοδοι BE περιόδοις N E v.l. αἷς E om. NB^1. μετρέεται BE ἐμετρέετο N E v.l. οὗτος δ' εἰκών ἐστι N. 4 τῶι ἀγεννάτωι χρόνωι B. ἀγεννάτω E ἀγενήτω N. 5 εἰδανικὸν N E v.l. οὕτως secl. recc. Bekker. 6 ποτὶ N πρὸς BE. ἐδημιουργήθη N. 7 ὧρος Valckenaer ὅρος NBE Simpl. ἀῶς N ἀοῦς Simpl. F ἀγὸς B^{1}E Simpl. A ἁμέρας B^2 Par. 1810. 9 ὡς τᾷ E ὥστε τὰ N ὡς τα τᾶι B. περιγραφόμεθα BE περιγραφόμενα N E v.l. 10 οὐρανοῦ N. post πόκα add. γάρ κε N. 11 τοι om. Bekker al. ἤρεμον Simpl. ἃς om. B^1.

gleiche Jahre. Bei dem Zurücklegen ihres Laufes machen sie gegenseitige Überholungen und bewirken Sichtbarkeits- und Unsichtbarkeitsperioden und Verfinsterungen und vollführen (astronomisch) genaue Auf- und Untergänge, ferner sichtbare Aufgänge am Morgen oder Abend in Bezug auf die Sonne (d.h. heliakische Früh- und Spätaufgänge). 29 Welche den Tag mit ihrem Lauf von Aufgang 29
bis Untergang, die Nacht mit dem von Untergang bis Aufgang hervorbringt. Diese Bewegung macht sie nur mit, mitgeführt von dem Schwung des Gleichen, das Jahr aber macht sie nach ihrer eigenen Bewegung. Aus diesen Bewegungen, zweien an der Zahl, windet sie die Spirale, indem sie zu einem Grad in der Zeit eines Tages (in der Eklipse) vorrückt, aber von der Kugel der Fixsterne herumgerissen wird in jedem Umlauf von Nacht und Tag.

30 Zeit-Teile nennen sie diese Umläufe; sie (die Zeit) schuf der 30
Gott mit dem Kosmos. Denn vor dem Kosmos gab es keine Sterne; deswegen auch kein Jahr und keine Umläufe der Jahreszeiten, mit denen diese geschaffene Zeit gemessen wird. Sie ist aber ein Abbild der ungeschaffenen Zeit, die wir Ewigkeit nennen. Wie nämlich nach dem ewigen Vorbild, dem ideenhaften Kosmos, dieser Himmel geschaffen ist, so wurde nach dem Vorbild, der Ewigkeit, diese Zeit zugleich mit dem Kosmos geschaffen.

31 Die Erde in der Mitte errichtet ist Herd der Götter und 31
Wächter von Dunkel und Morgen, und sie bewirkt Untergänge und Aufgänge nach den Abschnitten der Horizonte, die wir mit dem (jeweiligen) Blick und dem Erdabschnitt umschreiben. Sie ist die älteste von den Elementen [1]) innerhalb des Himmels. Nicht entstand jemals Wasser ohne Erde, und auch nicht Luft ohne Wasser, und Feuer würde verlassen vom Feuchten und Stoff, den es entzündete,

---

[1]) Hier zugleich Himmelskörper und Element, die Vorstellung ist durch Komprimierung unklar.

διαμένοι· ὥστε ῥίζα πάντων καὶ βάσις τῶν ἄλλων ἁ γᾶ, καὶ ἐρήρεισται ἐπὶ τᾶς αὐτᾶς ῥοπᾶς. 32 ἀρχαὶ μὲν ὦν τῶν γεννωμένων ὡς μὲν ὑποκείμενον ἁ ὕλα, ὡς δὲ λόγος μορφᾶς τὸ εἶδος· ἀπογεννάματα δὲ τουτέων ἐντὶ τὰ σώματα, γᾶ τε καὶ ὕδωρ ἀήρ τε καὶ πῦρ, ὧν ἁ γέννασις τοιαύτα.

33 Ἅπαν σῶμα ἐξ ἐπιπέδων ἐντί, τοῦτο δὲ ἐκ τριγώνων, ὧν τὸ 98a
μὲν ὀρθογώνιον ἰσοσκελὲς ἡμιτετράγωνον, τὸ δὲ ἀνισόπλευρον, ἔχον τὰν μέζονα δυνάμει τριπλατίαν τᾶς ἐλάσσονος. ἁ δ' ἐλαχίστα ἐν αὐτῷ γωνία τρίτον ὀρθᾶς ἐστι, διπλασία δὲ ταύτας ἁ μέσα· δύο γὰρ τρίτων ἅδ'
216 ἐστίν. ἁ δὲ μεγίστα ὀρθά, ἁμιόλιος μὲν τᾶς μέσας ἔασσα, τριπλατία δὲ
τᾶς ἐλαχίστας. τοῦτο δ' ὦν τὸ τρίγωνον ἁμιτρίγωνόν ἐστιν ἰσοπλεύρω b
τριγώνω, δίχα τετμαμένω καθέτῳ ἀπὸ τᾶς κορυφᾶς ἐς τὰν βάσιν ἐς ἴσα μέρεα δύο. ὀρθογώνια μὲν ὦν ἐντι ἑκατέρω, ἀλλὰ ἐν ᾧ μὲν ταὶ δύο πλευραὶ ταὶ περὶ τὰν ὀρθὰν μόναι ἴσαι, ἐν ᾧ δὲ ταὶ τρεῖς πᾶσαι ἄνισοι. σκαληνὸν δὲ τοῦτο μὲν καλεέσθω, τῆνο δὲ ἁμιτετράγωνον, 34 ἀρχὰ συστάσιος γᾶς. τὸ γὰρ τετράγωνον ἐκ τουτέω, ἐκ τεττόρων ἡμιτετραγώ-
νων συντεθειμένον· ἐκ δὲ τοῦ τετραγώνου γεννᾶσθαι τὸν κύβον, ἑδραιό- c
τατον καὶ σταδαῖον παντᾷ σῶμα, ἓξ μὲν πλευράς, ὀκτὼ δὲ γωνίας ἔχον. κατὰ τοῦτο δὲ βαρύτατόν τε καὶ δυσκίνατον ἁ γᾶ, ἀμετάβλητόν τε σῶμα εἰς ἄλλα διὰ τὸ ἀκοινώνατον εἶμεν τῶ ἄλλω γένεος τῶ τριγώνω· μόνα γὰρ ἁ γᾶ ἴδιον στοιχεῖον ἔχει τὸ ἁμιτετράγωνον.

35 Τῆνο δὲ στοιχεῖον τῶν ἄλλων σωμάτων ἐστί, πυρός, ἀέρος, ὕδατος.

215, 13 ἀρχαὶ — 17 ἡμιτετράγωνον citat Simplicius de caelo CAG 7 p. 564, 4 = test. 14 a; ἀρχαὶ — 16 τριγώνων p. 641, 11 = test. 14 b.
216, 2-3 cf. Simplicius de caelo CAG 7 p. 638, 29 = test. 14 d.

215, 12 τῶν ἄλλων NB Simpl. om. E. καὶ^2 Simpl. om. NBE. ἐρήρεισται B^2 ἐρήρισται E ἠρήρισται N ἤρεισται Simpl. (F εἴρηται A). 13 τὰς αὐτὰς ῥοπὰς ll. Simpl. τᾷ αὐτᾶς ῥοπᾷ Toussaint. οὖν Simpl. γεννομένων, γενομένων, γινομένων codd. Simplicii. 14 ἄυλα ll. Simpl. utroque loco. ante μορφᾶς exhib. τᾶς N. ἐντὶ N ἐστὶ BE Simpl. 15 ἁ γέννασις E Simpl. 564 D (om. ἁ) E ἡ γένεσις N: ἀπογέννασις B Simpl. 564 F (-ωσις) A Simpl. 641 DEF (-ωσις) A. 16 ἐξ om. N. ἐντί N ἐστί BE Simpl. τοῦτο NBE Simpl. καττοῦτο Harder. ὧν om. B^1E^1. 17 ἡμῖν τετράγωνον B. 18 μείζονα B. τριπλασίαν BE. 19 τρίτον <μέρος>? ἅδ' om. N. **216,** 1 ἔασσα E ἐᾶσσα NB. τριπλατία NB τριπλασία E. 2 οὖν N. 3 τετμαμένω EB^2 τετμημένω N τεταγμένω B^1. 4 ἑκατέρα N. 5 δ' ἐν ᾧ B. 6 σκαληνὸν recc. σκολιὸν NBE. τῆνο N κεῖνο BE. ἡμι- NE. ἀρχὰ — 7 ἡμιτετραγώνων om. B^1E^1 (suppl. in E recisum est, exstat in WV). 6 ἑστάσιος BWV(= E). 7 τουτέω WV(= E) τουτέου N τουτέων B^2. ἡμῖν τετραγώνων N. 8 συντιθέμενον NB. τῶ τετραγώνω M^2 vulg. 9 παντᾷ Bekker πάντη NE πᾶν B. ἓξ μὲν NB^2E ἐκ B^1. 10 καττοῦτο M^2 vulg. 11 ἄλλο B. ἀκοινώνητον NE. 12 ἀίδιον E^1. ἡμι- N. post ἡμιτετράγωνον· add. οἷον ὧν συμφωνίαν, ἥ ἐστι τὸ ἡμιτρίγωνον N, in marg. E. 13 τῆνο scripsi τοῦτο NBE.

nicht bleiben. So ist also Wurzel von allem und Grundlage für das Übrige die Erde, und sie ist gestützt auf die gleiche Neigung zur Mitte hin.

32 Die Ursprünge also vom Geschaffenen: als Zugrundeliegendes 32
der Stoff, als Prinzip der Gestalt die Form. Deren Abkömmlinge sind die Elemente, Erde und Wasser, Luft und Feuer, deren Entstehung folgendermaßen ist:

33 Jeder Körper besteht aus Flächen, die Fläche aber aus Drei- 33
ecken, von denen das eine rechtwinklig gleichschenklig, das Halbquadrat ist, das andere ungleichseitig, so daß das Quadrat der größeren Kathete dreimal so groß wie das der kleineren ist. Der kleinste Winkel in ihm ist ein Drittel vom Rechten, der mittlere das Doppelte von diesem; er ist nämlich 2/3 (vom Rechten). Der größte ein Rechter, 3/2 vom mittleren, das Dreifache vom kleinsten. Dieses Dreieck also ist ein Halbdreieck vom gleichseitigen Dreieck, das durch das Lot von der Spitze auf die Basis herunter in zwei gleiche Teile geschnitten ist. Beides sind also rechtwinklige Dreiecke, aber in dem einen sind allein die beiden Seiten um den Rechten gleich, im andern alle drei ungleich. Dies
soll 'Skalenos' heißen, jenes Halbquadrat; 34 es ist Prinzip für den 34
Aufbau der Erde. Denn das Quadrat besteht aus diesem, aus vier Halbquadraten zusammengesetzt; aus dem Quadrat werde der Würfel gebildet, der festliegendste und in jeder Stellung standfeste Körper, mit sechs Flächen, acht Ecken. Demgemäß ist am schwersten und schwerbeweglich die Erde, und ein Element, das sich nicht in die andern verwandelt, weil es mit der andern Art des Dreiecks keine Verwandtschaft hat. Die Erde hat nämlich allein einen eigenen Grundbestandteil, das Halbquadrat.

35 Jenes (das Halbdreieck) aber ist Grundbestandteil von den 35
andern Elementen, Feuer, Luft, Wasser. Wird nämlich das Halb-

…ρ συντεθέντος τῶ ἀμιτριγώνω τρίγωνον ἐξ αὐτῶ ἰσόπλευρον d …ἐξ οὗ ἁ πυραμὶς τέσσαρας βάσιας καὶ τὰς ἴσας γωνίας ἔχοισα …ύεται, εἶδος πυρὸς εὐκινατότατον καὶ λεπτομερέστατον. μετὰ δὲ τοῦτο ὀκτάεδρον, ὀκτὼ μὲν βάσιας, ἓξ δὲ γωνίας ἔχον, ἀέρος στοιχεῖον. τρίτον δὲ τὸ εἰκοσάεδρον βασίων μὲν εἴκοσι, γωνιῶν δὲ δώδεκα, ὕδατος στοιχεῖον πολυμερέστερον καὶ βαρύτερον. ταῦτα δ᾽ ὦν ἀπὸ ταὐτῶ στοιχείω συγκείμενα εἰς ἄλληλα τρέπεται. τὸ δὲ δωδεκάεδρον εἰκόνα τῶ παντὸς ἐστάσατο, ἔγγιστα σφαίρᾳ ἐόν. 36 πῦρ μὲν ὦν διὰ τὰν e λεπτομέρειαν διὰ πάντων ἧκεν, ἀήρ τε διὰ τῶν ἄλλων ἔξω πυρός, ὕδωρ δὲ διὰ τᾶς γᾶς. 37 ἅπαντα δ᾽ ὦν πλήρη ἐντί, οὐδὲν κενεὸν ἀπολείποντα. 38 συνάγεται δὲ τᾷ περιφορᾷ τῶ παντός, καὶ ἠρεισμένα τρίβεται μὲν
217 ἀμοιβαδόν, ἀδιάλειπτον δὲ ἀλλοίωσιν ποτὶ γενέσιας καὶ φθορὰς ἀποδίδωτι.

39 Τούτοις δὲ ποτιχρεόμενος ὁ θεὸς τόνδε τὸν κόσμον κατεσκεύαξεν, ἁπτὸν μὲν διὰ τὰν γᾶν, ὁρατὸν δὲ διὰ τὸ πῦρ, ἅπερ δύο ἄκρα 99a ἐντί. δι᾽ ἀέρος δὲ καὶ ὕδατος συνεδήσατο δεσμῷ κρατίστῳ, ἀναλογίᾳ, ἃ καὶ αὑτὰν καὶ τὰ δι᾽ αὐτᾶς κρατεόμενα συνέχεν δύναται. 40 εἰ μὲν ὦν ἐπίπεδον εἴη τὸ συνδεόμενον, μία μεσότας ἱκανά ἐστιν· εἰ δέ κα στερεόν, δύο χρήσει. δυσὶ δὴ μέσοις δύο ἄκρα ξυναρμόξατο, ὅκως εἴη ὡς πῦρ ποτ᾽ ἀέρα ἀὴρ ποτὶ ὕδωρ, ὡς δέ κ᾽ ἀὴρ ποτὶ ὕδωρ καὶ ὕδωρ ποτὶ γᾶν, b καὶ κατ᾽ ἐναλλαγάν, ὡς πῦρ ποτὶ ὕδωρ ἀὴρ ποτὶ γᾶν, καὶ ἀνάπαλιν, ὡς γᾶ ποτὶ ὕδωρ ὕδωρ ποτ᾽ ἀέρα καὶ ἀὴρ ποτὶ πῦρ, καὶ κατ᾽ ἐναλλαγάν, ὡς γᾶ ποτ᾽ ἀέρα ὕδωρ ποτὶ πῦρ. 41 καὶ ἐπεὶ δυνάμει ἴσα ἐντὶ πάντα, τοὶ λόγοι αὐτῶν ἐν ἰσονομίᾳ ἐντί. εἷς μὲν ὦν ὅδε ὁ κόσμος δαιμονίῳ δεσμῷ τῷ ἀνὰ λόγον ἐστίν. 42 ἕκαστον δὲ τῶν τετόρων σωμάτων πολλὰ εἴδεα ἔχει. πῦρ μὲν φλόγα καὶ φῶς καὶ αὐγάν, διὰ τὰν ἀνισότατα τῶν ἐν ἑκάστῳ αὐτῶν τριγώνων· κατταὐτὰ δὲ καὶ ἀὴρ τὸ μὲν καθαρὸν c καὶ αὖον, τὸ δὲ νοτερὸν καὶ ὁμιχλῶδες· ὕδωρ δὲ τὸ μὲν ῥέον, τὸ δὲ

216, 18 τρίτον — 19 βαρύτερον citat Simplicius de caelo CAG 7 p. 573, 8 = test. 14g.

216, 14 τοῦ ἀμιτριγώνου B. αὐτοῦ NB. 15 οὗ NBE ὧ M^2 Par. 1810. 16 εὐκινη- E. 17 ἓξ NE^2 ὀκτὼ BE^1. 18 εἰκοσάεδρον N Simpl. εἰκοσίεδρον BE. βάσεων Simpl. 19 πολυμερέστερον NBE Simpl. AE -τατον M^2 Simpl. D. καὶ βαρύτερον NBE Simpl. A καὶ βαρύτατον recc. vulg., om. Simpl. DE. 20 στοιχείου N. ἄλλαλα M^2. 21 τοῦ N. ἐστήσατο N ἱστάσατο BE. σφαῖρα E. τὴν N. 23 οὖν N. 24 φορᾷ B. ἠρεισμένα vulg. ἠρισμένα NBE. τρίβεται BE τρέπεται N E v.l. **217,** 3 τὸν om. BE. 5 ἐντί om. BE. 6 ἃ om B^{1}E^1. αὑτὰν E αὐτὰν NB. οὖν N. 7 μία NB^{2}E δύο B^1. αἱ recc. 8 post δύο^1 exhib. ὦν N. χρήζει N E v.l. δὴ B(E?) δὲ N. μέσος N. 9 ὡς δέ κ᾽ ἀὴρ ποτὶ ὕδωρ N om. cett. 10 καὶ κατ᾽ — ποτὶ γᾶν om. N. 14 τεττόρων NE. 15 ἀνισότατα B ἀνοσότατα E ἰσότητα N E v.l. τῶν E^2 τὰν N om. BE^1. 16 post αὐτῶν exhib. τῶν N. κατταῦτα B καττὰ ταῦτα E κατὰ ταῦτα N. δὲ N τε BE. 17 καὶ αὖον NB^{2}E κραῦον B^1. δὲ^2 N τῶι B^1 τὸ E τε M^2 Par. 1810 B^2. ῥέον E ῥεῖον B ῥυτὸν N.

dreieck sechsmal zusammengesetzt, entsteht aus ihm ein gleich-
seitiges Dreieck; aus welchem die Pyramide (Tetraeder) mit vier
Flächen und ebensoviel Ecken zusammengesetzt wird, der Grund-
körper des Feuers, am leichtesten zu bewegen und feinteiligsten (mit
den wenigsten Teilen?). Nach ihr das Oktaeder mit acht Flächen,
sechs Ecken, der Grundkörper der Luft. Drittens das Ikosaeder mit
zwanzig Flächen, zwölf Ecken, der Grundkörper des Wassers, vieltei-
liger und schwerer (als die andern beiden). Diese Elemente nun, aus
derselben Grundfigur zusammengesetzt, gehen ineinander über. Das
Dodekaeder stellte er als Bild des Alls auf, da es der Kugel am
nächsten ist. 36 Das Feuer drang wegen seiner Feinteiligkeit durch 36
alles, die Luft durch das Übrige ausgenommen das Feuer, das Wasser
nur durch die Erde. 37 Alles ist also voll und läßt nichts Leeres 37
übrig. 38 Es wird durch den Umschwung des Alls zusammenge- 38
drückt, und gedrängt reibt es sich wechselseitig und bewirkt unab-
lässigen Wechsel zum Entstehen und Vergehen hin.

39 Dieses benutzte der Gott, als er diese Welt einrichtete, die 39
tastbar wegen der Erde, sichtbar wegen des Feuers ist, welches die
beiden Endglieder sind. Durch Luft und Wasser aber band er sie
mit dem stärksten Band, der Entsprechung, die sich selber und das
durch sie Beherrschte zusammenzuhalten vermag. 40 Wenn nun 40
das Gebundene flächenhaft ist, genügt ein Mittelglied, wenn aber
raumhaft, braucht es zwei. Mit zwei Mittelgliedern fügte er also
zwei Endglieder zusammen, damit sich verhalte wie Feuer zu Luft
Luft zu Wasser, wie Luft zu Wasser aber auch Wasser zu Erde, und
in Vertauschung der Glieder Feuer zu Wasser wie Luft zu Erde und
in Umkehr der Proportion Erde zu Wasser wie Wasser zu Luft und
Luft zu Feuer, und in Vertauschung (dieser Glieder) Erde zu Luft
wie Wasser zu Feuer. 41 Und da alles in der Macht gleich ist, sind 41
ihre Verhältnisse in Rechtsgleichheit. Eins ist also dieser Kosmos
durch ein göttliches Band, die Entsprechung.

42 Jedes von den vier Elementen hat viele Formen. Das Feuer 42
Flamme und Licht und Schein, wegen der Ungleichheit der Dreiecke
in jedem von ihnen. In gleicher Weise hat auch die Luft einerseits
das Reine und Trockene, andererseits das Feuchte und Neblige. Das
Wasser einerseits das Fließende, andererseits das Feste wie Schnee

πακτόν, ὁκόσον χιών τε καὶ πάχνα χάλαζά τε καὶ κρύσταλλος· ὑγρῶν τε τὸ μὲν ῥυτόν, ὡς μέλι, ἔλαιον, τὸ δὲ πακτόν, ὡς πίσσα, κηρός· πακτῶ δὲ εἴδεα τὸ μὲν χυτὸν χρυσός, ἄργυρος, χαλκός, κασσίτερος, μόλυβδος, σταγών, τὸ δὲ θραυστὸν θεῖον, ἄσφαλτον, νίτρον, ἅλες, στυπτηρία, λίθοι τοὶ ὁμογενέες. d

43 Μετὰ δὲ τὰν τῶ κόσμω σύστασιν ζώων θνατῶν γέννασιν ἐμαχανάσατο, ἵν' ᾖ τέλεος ποτὶ τὰν εἰκόνα παντελῶς ἀπειργασμένος. 44 τὰν μὲν ὦν ἀνθρωπίναν ψυχὰν ἐκ τῶν αὐτῶν λόγων καὶ δυναμίων συγκερασάμενος καὶ μερίξας διένειμε τᾷ φύσει τᾷ ἀλλοιωτικᾷ παραδούς·
218 διαδεξαμένα δ' αὐτὸν ἐν τῷ <γεννᾶν> ἀπεργάζετο θνατά τε καὶ ἐφαμέρια e
ζῶα· 45 ὧν τὰς ψυχὰς ἐπιρρύτως ἐνάγαγε τὰς μὲν ἀπὸ σελάνας, τὰς δ' ἀπ' ἀλίω, τὰς δὲ ἀπὸ τῶν ἄλλων τῶν πλαζομένων ἐν τᾷ τῶ ἑτέρω μοίρᾳ, ἔξω μιᾶς τᾶς τοῦ αὐτοῦ δυνάμιος, ἃν ἐν τῷ λογικῷ μέρει ἔμιξεν, εἰκόνα σοφίας τοῖς εὐμοιρατοῦσι. 46 τᾶς μὲν γὰρ ἀνθρωπίνας ψυχᾶς τὸ μὲν λογικόν ἐστι καὶ νοερόν, τὸ δ' ἄλογον καὶ ἄφρον· τοῦ δὲ λογικοῦ τὸ μὲν κρέσσον ἐκ τᾶς ταὐτοῦ φύσιος, τὸ δὲ χέρηον ἐκ τᾶς τοῦ ἑτέρου. ἑκάτερον δὲ περὶ τὰν κεφαλὰν ἵδρυται, ὡς τἆλλα μέρεα τᾶς ψυχᾶς καὶ τῶ σώματος ὑπηρετεῖν τούτῳ, καθάπερ ὑπάτῳ τῶ σκάνεος ἅπαντος. τῶ 100a
δ' ἀλόγω μέρεος τὸ μὲν θυμοειδὲς περὶ τὰν καρδίαν, τὸ δ' ἐπιθυματικὸν περὶ τὸ ἧπαρ. 47 τοῦ δὲ σώματος ἀρχὰν μὲν καὶ ῥίζαν μυελοῦ εἶμεν ἐγκέφαλον, ἐν ᾧ ἁ ἁγεμονία. ἀπὸ δὲ τούτου οἷον ἀπόχυμα ῥεῖν διὰ τῶν νωτίων σφονδύλων τὸ λοιπόν, ἐξ οὗ εἰς σπέρμα καὶ γόνον μερίζεσθαι. ὀστέα δὲ μυελῶ περιφράγματα. τουτέων δὲ σκέπαν εἶμεν τὰν σάρκα b
καὶ προκάλυμμα. συνδέσμοις δὲ ποττὰν κίνασιν τοῖς νεύροις συνᾶψε τὰ ἄρθρα. τῶν δ' ἐντοσθιδίων τὰ μὲν τροφᾶς χάριν, τὰ δὲ σωτηρίας.

48 Κινασίων δὲ τῶν ἀπὸ τῶν ἐκτὸς τὰς μὲν ἀναδιδομένας ἐς τὸν

217, 18 ὁκόσον — 19 πακτόν om. $B^{1}E^{1}$. ὑγρόν BE. 20 πακτοῦ N. εἴδεα M^{2} ἰδέα NBE. 21 μόλιβδος E. ταγών N. τὸ δὲ NB^{2} δὲ τὸ $B^{1}E$. ante ἄσφαλτον exhib. καὶ N. 22 τοὶ BE^{1} τοῖς NE^{2}. ὁμοιογενέες N. 23 γένεσιν NE. 24 ἐμηχανήσατο N. 25 δυναμέων NE **218,** 1 διαδεξαμένα NEB^{2} διαδεξάμεναι B^{1} διαδεξαμένᾳ Harder. δ' secl. Harder. ἐν τῷ <γεννᾶν> conieci (cf. Pl. Tim. 41 d 2) ἐν τῷ NBE αὔτα Thesleff. ἀπεργάζετο Thesleff ἀπεργάζειν BE ἀπεργάζεν N. 3 ἀλίω E ἁλίω NB. τοῦ ἑτέρου NE. 4 τοῦ αὐτοῦ NBE τῶ αὐτῶ M^{2}. 6 τῶ . . . λογικῶ M^{2}. 7 κρείσσον N. $τῆς^{1}$ N. ταὐτῶ M^{2}. χέρειον BE. τῶ ἑτέρω M^{2}. 8 δὲ om. $B^{1}E^{1}$. ἱδρυμένον (ται superscr.) E. 9 τούτῳ N τούτων BE. ὑπάτῳ N (coni. Valckenaer) ὑπ' αὐτῷ BE. 10 τὴν N. 11 ἀρχὰ BE. μὲν om. N. ῥίζα BE. μυελῶ M^{2}. 12 τούτω M^{2}. ῥεῖ BE. 13 νωτίων B νωτείων E ὠτίων N. σφονδύλων N σπονδύλων BE. ῷ M^{2}. γόνον N vulg. λόγον BE. 14 μυελῶν BE. εἶμεν N μὲν BE. 15 περικάλυμμα N. ποτὶ τὰν N. 16 ἐντοσθίων recc. 17 εἰς BE.

und Reif, Hagel und Eis; und vom Nassen ist das eine flüssig wie Honig, Öl, das andere fest wie Pech, Wachs. Die Formen des Festen (statt: Elements der Erde) sind: einerseits das Gießbare (Schmelzbare), Gold, Silber, Erz, Zinn, Blei, Zink(?Stagon), andererseits das Spröde, Schwefel, Asphalt, Natron, Salze, Alaun, Steine die gleichartig (gleichförmig, kristallinisch ?) sind.

43 Nach der Zusammenfügung des Kosmos setzte er die 43
Schöpfung sterblicher Wesen ins Werk, damit der Kosmos voll-
kommen wäre, ganz und gar nach dem Vorbild gearbeitet. 44 Die 44
menschliche Seele nun mischte und teilte er nach denselben Verhältnissen und aus denselben Kräften (der Bewegung), verteilte sie und übergab sie der Wechsel-Natur; die löste ihn ab in dem Schaffen und brachte sterbliche und taggebundene Wesen hervor.
45 Deren Seelen brachte er (der Gott; sie?) als zufließende (ab- 45
geleitete) hinein, die einen vom Mond, andere von der Sonne, andere von andern, die in dem Teil des Verschiedenen umherirren, außer allein der Kraft des Gleichen, die er (sie?) im vernünftigen Teile beimischte, ein Urbild der Weisheit für die Begnadeten.

46 Von der menschlichen Seele ist nämlich das eine vernunfthaft 46
und geistig, das andere vernunftlos und unverständig. Von dem Vernunfthaften kommt der stärkere Teil aus der Natur des Gleichen, der schwächere aus der Natur des Ungleichen. Beides hat aber seinen Sitz im Kopf erhalten, auf daß die übrigen Teile der Seele und des Körpers diesem dienen, wie dem Höchsten der gesamten Behausung. Von dem vernunftlosen Teil ist das Muthafte im Herzen
angesiedelt, das Begehrende in der Leber. 47 Grundbestandteil 47
des Körpers und Wurzel des Marks sei das Gehirn, bei dem die Leitung liegt. Von diesem fließe als eine Art Ausfluß das Überschüssige durch die Rückenwirbel, das sich weiter in Same und 'Gonos' teile. Die Knochen seien die Umhüllung des Marks. Deren Decke und Schutzhülle sei das Fleisch. Mit den Sehnen als Bändern zur Bewegung verband er die Glieder. Von den Eingeweiden ist ein Teil zur Ernährung, ein Teil zur Erhaltung da.

48 Von den Bewegungen, die von den äußeren Dingen kommen, 48

φρονέοντα τόπον αἰσθήσιας εἶμεν· τὰς δ' ὑπ' ἀντίλαψιν μὴ πιπτοίσας
219 ἀνεπαισθήτως, ἢ τῷ τὰ πάσχοντα σώματα γεοειδέστερα εἶμεν, ἢ c
τῷ τὰς κινάσιας ἀμενηνοτέρας γίγνεσθαι. 49 ὁκόσαι μὲν ὦν ἐξίσταντι
τὰν φύσιν, ἀλγειναί ἐντι· ὁκόσαι δὲ ἀποκαθίσταντι ἐς αὐτάν, ἁδοναὶ
ὀνυμαίνονται.

50 Τᾶν δ' αἰσθησίων τὰν μὲν ὄψιν ἁμὶν τὸν θεὸν ἀνάψαι εἰς θέαν τῶν
ὠρανίων καὶ ἐπιστάμας ἀνάλαψιν. 51 τὰν δ' ἀκοὰν λόγων καὶ μελῶν
ἀντιλαπτικὰν ἔφυσεν· ἇς στερισκόμενος ἐκ γενέσιος ὁ ἄνθρωπος οὐδὲ
λόγον ἔτι προέσθαι δυνασεῖται. διὸ καὶ συγγενεστάταν τῷ λόγῳ ταύταν d
τὰν αἴσθασίν φαντι εἶμεν. 52 ὁκόσα δὲ πάθεα τῶν σωμάτων ὀνυμαίνεται,
ποτὶ τὰν ἁφὰν κλήζεται, τὰ δὲ ῥοπᾷ ποτὶ τὰν χώραν. ἁ μὲν γὰρ ἁφὰ
κρίνει τὰς ζωτικὰς δυνάμιας, θερμότατα, ψυχρότατα, ξηρότατα,
ὑγρότατα, λειότατα, τραχύτατα, εἴκοντα, ἀντίτυπα, μαλακά, σκληρά.
53 βαρὺ δὲ καὶ κοῦφον ἁφὰ μὲν προκρίνει, λόγος δ' ὁρίζει τᾷ ποτὶ τὸ
μέσον καὶ ἀπὸ τῶ μέσω νεύσει. 54 κάτω δὲ καὶ μέσον ταὐτόν φαντι· τὸ e
γὰρ κέντρον τᾶς σφαίρας τοῦτό ἐντι τὸ κάτω, τὸ δ' ὑπὲρ τούτω ἄχρι
τᾶς περιφερείας ἄνω. 55 τὸ μὲν ὦν θερμὸν λεπτομερές τε καὶ διαστατικὸν
τῶν σωμάτων δοκεῖ εἶμεν, τὸ δὲ ψυχρὸν παχυμερέστερόν τε τῶν
πόρων καὶ συμπιλωτικόν ἐστι. 56 τὰ δὲ περὶ τὰν γεῦσιν ἔοικε τᾷ ἁφᾷ·
συγκρίσει γὰρ καὶ διακρίσει, ἔτι δὲ τᾷ ἐς τὼς πόρως διαδύσει καὶ
τοῖς σχημάτεσσιν ἢ στρυφνὰ ἢ λεῖα· ἀποτάκοντα μὲν καὶ ῥύπτοντα
τὰν γλῶτταν στρυφνὰ φαίνεται, μετριάζοντα δὲ τᾷ ῥύψει ἁλμυρά,
ἐκπυροῦντα δὲ καὶ διαιρέοντα τὰν σάρκα δριμέα, τὰ δ' ἐναντία λεῖά τε 101a
καὶ γλυκέα, καὶ χυλῶται. 57 ὀσμᾶς δὲ εἴδεα μὲν οὐ διώρισται· διὰ γὰρ
220 στενῶν πόρων διαθεῖσθαι στερροτέρων ὄντων ἢ ὡς συνάγεσθαι καὶ
δίιστασθαι. σάψεσι δὲ καὶ πέψεσι γᾶς τε καὶ γεοειδέων εὐώδεά τε καὶ
δυσώδεα εἶμεν.

218, 18 ἀντίληψιν N. πιπτοίσας N E v.l. πιπτούσας BE. **219,** 1 γεοειδέστερα NB γαιοειδέστερα E. $ἢ^2$ NM^2 om. BE. 2 γίνεσθαι BE. ἐξίσταντι N E v.l. ἐξίστανται BE. 5 τὰν BE τὰ N. ἡμῖν N. εἰς om. B^1E^1. 6 ἀκουὰν BE. λόγω B^1. 7 οὐδὲ Bekker οὔτε NBE. 8 δυνάσειται B^1 correxi δυνάσεται NB^2E. 9 τὰν NB^2 om. B^1E. ὀνυμέεται B^1. 10 κλήζεται BE κληΐζεται M^2 Par. 1810 vulg. κρίνεται N. 12 ὑγρότατα N recc. τε BE. τραχύτατα N recc. βραχύτατα B^2E^2 τὰ B^1E^1. 13 post ἁφὰ μὲν deficit **E**; abhinc **WV** = E. τᾷ recc. τὰ BWV τῇ N. ποτὶ N εἰς BWV vulg. 14 μέσω BWV μέσον N. 15 ἐστι BWV. τούτου BWV. 16 θερμὸν om. B. 17 εἶναι WV. τε τῶν N om. BWV. 18 πόρων post συμπιλωτικὸν transpos. (om. 17 τε τῶν) Vind. 64 et edit. nonnulli πόρρω B. τε (αι superscr.) ἁφῆς B τᾷ ἁφῇ WV. 19 τὼς ὁπόρως B. διαδύσεις N. 20 $ἢ^1$ om. B. μὲν Vind. 64 δὲ NBWV. ῥυπτᾶντα B. 21 στραφνὰ N. 22 διαρρέοντα N. 23 καὶ χυλῶται WV καὶ χυλῶ B κεχόλωται NWv.l. κεχύλωται M^2 Par. 1810. ἰδέα B. διώρισται NBV κεχώρισται W. **220,** 2 σάψει B. δὲ om. BW.

seien die, welche zum Sitz der Vernunft geleitet werden, Wahr-
nehmungen; die, welche nicht unter die Aufnahme fallen, bleiben
unbemerkt, weil entweder die beeindruckten Elementar-Körper zu
erdhaft oder die Bewegungen zu schwach sind. 49 Alle die nun, 49
die den natürlichen Zustand stören, sind schmerzhaft; welche ihn
aber zu sich zurückführen, nennt man Freuden.

50 Von den Wahrnehmungen habe der Gott uns das Gesicht zur 50
Schau der himmlischen Körper und zum Erwerb von Wissen bei-
gegeben (angezündet ?). 51 Das Gehör ließ er entstehen zur Fähig- 51
keit, Wörter und Melodien zu verstehen; ist der Mensch dessen von
Geburt an beraubt, wird er künftig auch nicht sprechen können.
Deswegen sagt man auch, daß dieses Wahrnehmungsvermögen der
Sprache am verwandtesten sei. 52 Alles, was man Zustände der 52
Körper nennt, das erhält seinen Namen nach dem Tastsinn, zum
Teil auch von dem Streben nach seinem Ort. Der Tastsinn unter-
scheidet die Qualitäten des Lebendigen Wärme Kälte, Trockenheit
Feuchtigkeit, Glätte Rauheit, Nachgiebiges Elastisches, Weiches
Hartes. 53 Schweres und Leichtes sondert der Tastsinn vor, genau 53
bestimmt es der Verstand nach der Neigung gegen die Mitte hin
und von der Mitte weg. 54 Man sagt, unten und Mitte sei dasselbe; 54
denn der Mittelpunkt der Kugel, das ist 'unten', das über ihm bis
zur Peripherie oben. 55 Das Warme gilt als feinteilig und die 55
Körper ausdehnend; das Kalte ist grobteiliger als die Kanäle und
zusammenziehend. 56 Die Eindrücke beim Geschmack gleichen 56
dem Tastsinn. Denn nach Zusammenziehen und Dehnung, ferner
nach dem Eindringen in die Kanäle und je nach den Formen gibt
es entweder Herbes oder Mildes; wenn es auflöst und die Zunge
auslaugt, macht es den Eindruck des Herben (Sauren), wenn es
mit dem Auslaugen Maß hält, des Salzigen, wenn es aber ausbrennt
und das Fleisch zersetzt, des Scharfen (Bitteren); das Entgegen-
gesetzte macht den Eindruck des Weichen und Süßen und wird zu
Nahrungssaft. 57 Die Arten des Geruches sind nicht geschieden; 57
denn er werde durch enge Kanäle gepreßt, die zu hart sind, um sich
zusammenzuziehen oder zu dehnen. Durch Fäulnis und Garmachen
der Erde und des Erdartigen gebe es Wohlriechendes und Schlecht-
riechendes.

58 Φωνὰ δ' ἐστὶ μὲν πλᾶξις ἐν ἀέρι διικνουμένα ποτὶ τὰν ψυχὰν
δι' ὤτων· ὧν τοὶ πόροι διήκοντι ἄχρις ἥπατος χωρέοντες, ἔν τ' αὐτοῖς
πνεῦμα, οὗ ἁ κίνασις ἀκοά ἐστι. φωνᾶς δὲ καὶ ἀκουᾶς ἁ μὲν ταχεῖα b
ὀξεῖα, ἁ δὲ βραδεῖα βαρεῖα, μέσα δ' ἁ συμμετροτάτα. καὶ ἁ μὲν πολλὰ
καὶ κεχυμένα μεγάλα, ἁ δὲ ὀλίγα καὶ συναγμένα μικρά. ἁ δὲ τεταγμένα
ποτὶ λόγως μωσικῶς ἐμμελής, ἁ δὲ ἄτακτός τε καὶ ἄλογος ἐκμελής τε
καὶ ἀνάρμοστος. 59 τέταρτον δὲ γένος αἰσθητῶν πολυειδέστατον καὶ
ποικιλώτατον, ὁρατὰ δὲ λέγεται· ἐν ᾧ χρώματά τε παντοῖα καὶ κεχρωσ-
μένα μυρία, πρᾶτα δὲ τέτορα, λευκόν, μέλαν, λαμπρόν, φοινικοῦν· c
τἆλλα γὰρ ἐκ κιρναμένων τούτων γεννᾶται. τὸ μὲν ὦν λευκὸν διακρίνει
τὰν ὄψιν, τὸ δὲ μέλαν συγκρίνει, ὅκως περ τὸ μὲν θερμὸν διαχῆν τὰν
ἁφάν, τὸ δὲ ψυχρὸν συνάγεν δύναται, καὶ τὸ μὲν στρυφνὸν συνάγεν
τὰν γεῦσιν, τὸ δὲ δριμὺ διαιρῆν πέφυκε.

60 Τρέφεσθαι δὲ τὸ σκᾶνος τῶν ἐναερίων ζώων καὶ συνέχεσθαι
τᾶς μὲν τροφᾶς διαδιδομένας διὰ τῶν φλεβῶν εἰς ὅλον τὸν ὄγκον κατ'
ἐπιρροάν, οἷον δι' ὀχετῶν ἀγομένας, καὶ ἀρδομένας ὑπὸ τῶ πνεύματος, ὃ d
διαχεῖ αὐτὰν ἐπὶ τὰ πέρατα φέρον· 61 ἁ δ' ἀνάπνοια γίνεται μηδενὸς μὲν
κενοῦ ἐν τᾷ φύσει ἐόντος, ἐπιρρέοντος δὲ καὶ ἑλκομένω τῶ ἀέρος ἀντὶ
τῶ ἀπορρέοντος διὰ τῶν ἀοράτων στομίων, δι' ὧν καὶ ἁ νοτὶς ἐπιφαίνε-
ται· τινὸς δὲ καὶ ὑπὸ τᾶς φυσικᾶς θερμότατος ἀπαναλωμένω. 62 ἀνάγκα
ὦν ἀντικαταχθῆμεν τὸ ἴσον τῷ ἀναλωθέντι· εἰ δὲ μή, κενώσιας εἶμεν,
ὅπερ ἀμάχανον· οὐδὲ γὰρ ἔτι εἴη κα σύνσοον καὶ ἓν τὸ ζῶον, διαιρωμένω
τῶ σκάνεος ὑπὸ τῶ κενῶ. 63 ἁ δ' ὁμοία ὀργανοποιία γίγνεται καὶ ἐπὶ τῶν e
221 ἀψύχων κατ τὰν τᾶς ἀναπνοᾶς ἀναλογίαν· ἁ γὰρ σικύα καὶ τὸ ἤλεκτρον
εἰκόνες ἀναπνοᾶς ἐντι. 64 ῥεῖ γὰρ διὰ τῶ σώματος ἔξω θύραζε τὸ πνεῦμα, 102a
ἀντεπεισάγεται δὲ διὰ τᾶς ἀναπνοᾶς τῷ τε στόματι καὶ ταῖς ῥισίν,
εἶτα πάλιν οἷον Εὔριπος ἀντεπιφέρεται εἰς τὸ σῶμα, τὸ δὲ ἀνατείνεται

220, 4 διικνυμένη N. 5 τοὶ om. B. ταὐτοῖς N αὐτούτοις B τούτοις WV. 6 ἀκουά NB. δὲ om. B. ἀκοᾶς recc. 7 δ' om. B. 8 καὶ[1] om. N. ἁ (post μεγάλα) et μικρά. ἁ δὲ τεταγμένα om. B. 9 λόγω BWV. μουσικῶς N. 10 δὲ scripsi τε NBWV τι vulg. αἰσθητὸν B[1]. 12 τέτορα B τέττορα WV τέτταρα N. 13 κριναμένων WV. 14 μὲν om. BWV. διαχῆν scripsi διαχεῖ NBWV. 15 συνάγειν N. 16 διαιρεῖν V (η superscr.) W. 19 ἀγομένας καὶ om. B. 20 φέρων N. ἀναπνοὰ N W v.l. 21 κενεῶ M[2]. ὄντος B. ἐπεισρέοντος N. 23 ὑπὸ BWV ἐπὶ N. θερμότητος N. ἀπαναλωμένω scripsi ἀπαναλωμένου N ἀπαναλουμένω M[2] -ου BWV. ἀνάγκα ὦν BWV ἀναγκαῖον N. 24 ἀπαναλωθέντι N. 25 ἀμήχανον N. οὐδὲ BWV οὐ N. κα σύνσοον N κασσύρροον BWV κα σύρροον vulg. (cf. infra p. 223, 22). διαιρωμένω B διαιρουμένω WV διαιρεσομένω N. 26 τοῦ κενοῦ N. γίνεται BWV. **221,** 1 κατὰ τὰν N. 2 τὰ πνεύματα BWV. 3 ταῖς ῥισίν: τὰ σφίσιν B. 4 πάλιν om. WV. τὸ δὲ NWV ὁ δὲ B.

58 Der Laut ist eine Erschütterung in der Luft, die zur Seele 58
durch die Ohren kommt; deren Kanäle reichen bis zur Leber her-
unter und in ihnen befindet sich Pneuma, dessen Bewegung das
Hören ist. Von Laut und gehörtem Laut (Gehör) ist die schnelle
Bewegung hoch, die langsame tief, die ganz ausgeglichene mittel.
Und die gehäufte und ausgebreitete laut, die spärliche und zu-
sammengezogene leise. Die nach musikalischen Verhältnissen ge-
ordnete ist melodisch, die ungeordnete und ohne Verhältnisse un-
melodisch und unharmonisch. 59 Die vierte Art des Wahrnehm- 59
baren ist die vielartigste und mannigfachste; man nennt sie das
Sichtbare. In ihr gibt es mannigfache Farben und unzählige
Schattierungen; die Grundfarben aber sind vier: weiß, schwarz,
glänzend, purpurn. Die übrigen Farben werden nämlich aus deren
Mischung hervorgebracht. Das Weiße nun dehnt das Sehorgan, das
Schwarze zieht es zusammen, ganz wie das Warme das Tastorgan
zu dehnen, das Kalte zusammenzuziehen vermag, und das Saure
seiner Beschaffenheit nach das Geschmacksorgan zusammenzieht,
das Bittere es aber zerteilt.

60 Die Behausung der in der Luft lebenden Wesen werde ernährt 60
und zusammengehalten, indem einerseits die Nahrung durch die
Adern auf den gesamten Körper im Zuströmen verteilt wird, wie
durch Bewässerungsgräben geleitet, und feucht gemacht wird vom
Pneuma, das sie zerlegt (ausbreitet ?) und bis zu den äußersten
Stellen bringt. 61 Die Atmung andererseits findet dadurch statt, 61
daß, da es in der Natur nichts Leeres gibt, die Luft so zuströmt und
angesaugt wird anstelle der durch die unsichtbaren Poren, durch
die auch die Ausdünstung zu Tage tritt, abfließenden Luft; wobei
ein Teil der Luft aber auch von der natürlichen Wärme verbraucht
wird. 62 Es ist nun notwendig, daß für das Verbrauchte das 62
Gleiche als Ersatz herangeführt wird; sonst gäbe es leere Räume,
was ausgeschlossen ist. Denn das Lebewesen wäre nicht mehr zu-
sammengehend und eins, wenn die Behausung durch das Leere
zerrissen wäre. 63 Die gleiche Veranstaltung findet auch bei den 63
unbeseelten Dingen statt, in Entsprechung zum Atmen; der
Schröpfkopf nämlich und der Bernstein sind Bilder der Atmung.
64 Das Pneuma fließt nämlich durch den Körper nach außen, 64
durch die Atmung wird es durch Mund und Nasenlöcher wieder
hereingeholt, dann wird es wieder (zurückfließend) wie der Euripos
als Ersatz in den Körper zurückbewegt (durch die Poren), das (dort
Vorhandene) aber wendet sich nach oben durch die Ausgänge

καττὰς ἐκροάς. 65 ἁ δὲ σικύα ἀπαναλωθέντος ὑπὸ τῶ πυρὸς τῶ ἀέρος
ἐφέλκεται τὸ ὑγρόν, τὸ δ' ἤλεκτρον ἐκκριθέντος τῶ πνεύματος ἀναλαμ-
βάνει τὸ ὅμοιον σῶμα.

66 Τροφὰ δὲ πᾶσα ἀπὸ ῥίζας μὲν τᾶς καρδίας, παγᾶς δὲ τᾶς
κοιλίας ἐπάγεται τῷ σώματι· καὶ εἴ κα πλείω τᾶς ἀπορρεοίσας ἐπάρδοιτο, b
αὔξα λέγεται, εἴ κα δὲ μείω, φθίσις· ἁ δ' ἀκμὰ μεθόριόν τε τουτέων
ἐστὶ καὶ ἐν ἰσότατι ἀπορροᾶς καὶ ἐπιρροᾶς νοέεται. 67 λυομένων δὲ τῶν
ἁρμῶν τᾶς συστάσιος, αἴ κα μηκέτι δίοδος ᾖ πνεύματι ἢ τροφὰ διαδιδῶ-
ται, θνάσκει τὸ ζῶον.

68 Πολλαὶ δὲ κᾶρες ζωᾶς καὶ θανάτου αἰτίαι. ἓν δ' ὧν γένος νόσος
ὀνυμαίνεται. νόσων δ' ἀρχαὶ μὲν αἱ τᾶν πρατᾶν δυναμίων ἀσυμμετρίαι,
εἴκα πλεονάζοιεν ἢ ἐλλείποιεν ταὶ ἁπλαῖ δυνάμιες, θερμότας ἢ ψυχρότας c
ἢ ὑγρότας ἢ ξηρότας. 69 μετὰ δὲ ταύτας αἱ τῶ αἵματος τροπαὶ καὶ ἀλλοι-
ώσιες ἐκ διαφθορᾶς καὶ αἱ τᾶς σαρκὸς τακομένας κακώσιες, αἰ καττὰς
μεταβολὰς ἐπὶ τὸ ὀξὺ ἢ ἁλμυρὸν ἢ δριμὺ τροπαὶ αἵματος ἢ σαρκὸς
τακεδόνες γένοιντο. χολᾶς γὰρ αἱ γενέσιες καὶ φλέγματος ἐνθένδε
χυμοί τε νοσώδεες καὶ ὑγρῶν σάψιες, ἀμαυραὶ μὲν αἱ μὴ ἐν βάθει,
χαλεπαὶ δ' ὧν ἀρχαὶ γεννῶνται ἐξ ὀστέων, ἀνιαραὶ δὲ ἐκ μυελοῦ ἐξαπ- d
τόμεναι. 70 τελευταία δὲ νόσων αἰτία ἐντὶ πνεῦμα, χολά, φλέγμα αὐξόμενα
καὶ ῥέοντα ἐς χώρας ἀλλοτρίας ἢ τόπως ἐπικαιρίως. τόκα γὰρ ἀντι-
καταλαμβάνοντα τὰν τῶν καρρόνων χώραν καὶ ἀπελάσαντα τὰ συγγενέα
ἱδρύεται κακοῦντα τὰ σώματα καὶ ἐς αὔταυτα ἀναλύοντα. καὶ
σώματος μὲν πάθεα τάδε τε καὶ ἐκ τῶνδε.

71 Ψυχᾶς δὲ νόσοι ἐντὶ πολλαί, ἄλλαι δ' ἄλλων δυναμίων ἐντί, αἰσθη-

---

221, 5 καττὰς M^2 κατὰ τὰς NBV καὶ τὰς W. ὑπὸ: ἀπὸ WV. 6 ἐφέλκεται BWV προσφέρεται N. τοῦ N. 7 ὅμοιον NBWV vix sanum; σῶμα delendum? 9 καὶ N ὁ καὶ BWV ὃ δ'? πλείων N. ἀπορρυείσας N. 10 αὔξα λέγεται NWV αὖξαι B αὐξάνεται? μείω WV μείων N μειῶν B. φθίσις N φθίσεις WV φίσις B φθίσει? τε N om. BWV. 11 δύο μὲν ὧν ὀρήων B. 12 ᾖ, N ἢ B om. WV. πνεύματι ἢ BWV πνευματικὰ N. τροφὰ NWV τροφᾶ B. διαδιδῶται Hermann (antea μὴ): διαδίδοται codd. 14 αἴτιαι B. δ' ὧν NB δὲ WV. 15 τῶν N. πράταν B^1(?)WV πράτων NB^2. δυνάμεων N. 16 εἴκα BWV εἴκε N. πλεονάζοιεν ἢ BWV πλεονάζει ἐν ᾗ N. δυνάμεις WV. 18 αἱ τᾶς N vulg. αἰτίας BWV. αἰ NBWV αἴκα M^2. κατὰ τὰς N. 19 τὸ om. B. ἢ (ante ἁλμυρὸν) BWV καὶ N. σάρκες BWV. 20 τακεδόνες N W v.l.Vv.l. ταγεδόνες BWV. αἱ γενέσιες BWV γένεσις N. ἔνθεν δὲ χυμοῦ ἑνὸς ὤδεε καὶ ὑγρῶ ἄψις B^1. 21 τε N om. B (sed v. supra) WV. ἀμαυραὶ NBWV ἀφαυραὶ M^2 vulg. 22 ἀνιαραὶ NWV ἔνιαι B ἀνίατοι coni. Baltes. 23 αἰτία ἐντὶ conieci ἐν τῇ αἰτίᾳ N ἐντι BWV. φλέγμα NWV πνεῦμα B. αὐξόμενον N. **222,** 1 εἰς W. ἐπικαιρίως BWV ἐπικαίρους N ἐπικηρίως de Gelder. ἀντιλαμβάνοντα B. 2 ἀπαλάσσαντα N. 3 αὔταυτα scripsi αὐτὰ ταῦτα BWV αὐτὰ N. 4 τάδε BWV τῶνδε N. τε om. WV vulg. 5 δὲ¹ N om. BWV. ἄλλαι M^2 recc. ἄλλα NBWV.

(Mund und Nase). 65 Der Schröpfkopf aber saugt, wenn die Luft 65
vom Feuer verzehrt ist, das Feuchte an. Der Bernstein hebt, wenn
das Pneuma ausgeschieden ist, den ähnlichen (festen, porösen)
Körper hoch.

66 Die gesamte Nahrung wird vom Herzen als Wurzel, vom 66
Bauch als Quelle dem Körper zugeführt. Und wird er im Zufluß
mehr bewässert als abfließt, nennt man es Wachsen, wenn weniger,
Schwinden. Die Vollkraft ist ein Grenzgebiet zwischen diesen und
wird als Gleichheit von Abfluß und Zufluß definiert. 67 Sind aber 67
die Bänder des Gefüges gelöst, wenn das Pneuma keinen Durchgang
mehr hat oder die Nahrung nicht mehr durchgegeben wird, stirbt
das Wesen.

68 Es gibt aber viele Schädigungen des Lebens und Ursachen des 68
Todes (die auch Ursachen für den Tod sind ?). Eine Art nennt man
Krankheit. Die Hauptursachen der Krankheiten sind die Un-
ausgeglichenheiten der Grundqualitäten, wenn die einfachen
Qualitäten, Wärme oder Kälte oder Feuchtigkeit oder Trockenheit,
ein zuviel oder ein zuwenig haben. 69 Es folgen Veränderungen 69
und Umwandlungen des Bluts infolge einer Verderbnis und die
Schädigungen des Fleisches bei dessen Auflösung, wenn mit dem
Umschlagen ins Saure oder Salzige oder Bittere Veränderungen des
Bluts oder Fäulnisse des Fleischs eintreten. Denn hieraus kommen
die Bildungen von Galle und Schleim und krankhafte Säfte und
Fäulnisse der Flüssigkeiten, harmlos, wenn sie nicht in der Tiefe
sitzen, schlimm, wenn ihr Beginn von den Knochen hervorgebracht
wird, leidig (ἀνίατοι unheilbar ?), wenn sie vom Mark abhängen.
70 Die letzte (dritte) Ursache der Krankheiten ist, wenn sich 70
Pneuma, Galle, Schleim vermehren und in fremde Gebiete oder zu
lebenswichtigen Stellen fließen. Dann nehmen sie nämlich den Platz
des Besseren ein und vertreiben das Zugehörige, setzen sich dort
fest, schädigen die Gebilde und lösen sie in sich auf. Die Leiden des
Körpers sind also diese und kommen aus diesen Ursachen.

71 Krankheiten der Seele aber gibt es viele. Die einen von diesem, 71
die andern von jenem Vermögen: Vom Wahrnehmungsvermögen

τικᾶς μὲν δυσαισθησία, μναμονικᾶς δὲ λάθα, ὁρματικᾶς δὲ ἀνορεξία τε e
καὶ προπέτεια, παθητικᾶς δὲ ἄγρια πάθεά τε καὶ λύσσαι οἰστρώδεες,
λογικᾶς δὲ ἀμαθία καὶ ἐκφροσύνα. 72 ἀρχαὶ δὲ κακίας ἁδοναὶ καὶ λῦπαι
ἐπιθυμίαι τε καὶ φόβοι, ἐξαμμέναι μὲν ἐκ σώματος, ἀνακεκραμέναι
δὲ τᾷ ψυχᾷ· καὶ ἐξαγγελλόμεναι ὀνόμασι ποικίλοις· ἔρωτες γὰρ καὶ
πόθοι ἵμεροί τε ἔκλυτοι ὀργαί τε σύντονοι καὶ θυμοὶ βαρεῖς ἐπιθυμίαι 103a
τε ποικίλαι καὶ ἁδοναὶ ἄμετροί ἐντι. 73 ἁπλῶς δὲ εἰπεῖν· τὸ πῶς ἔχεν
ποτὶ τὰ πάθεα ἀρχά τε καὶ πέρας ἀρετᾶς καὶ κακίας ἐστί· τὸ γὰρ
πλεονάζεν ἐν τούτοις ἢ κάρρον αὐτῶν εἶμεν εὖ ἢ κακῶς ἁμὲ διατίθητι.
74 ποτὶ δὲ ταύτας τὰς ὁρμὰς μεγάλα μὲν συνεργῆν δύνανται αἱ τῶν
σωμάτων κράσιες, ὀξεῖαι ἢ θερμαὶ ἢ ἄλλοτ' ἀλλοῖαι γιγνόμεναι, ἔς
τε μελαγχολίας καὶ λαγνείας καὶ λαβρότατας ἄγοισαι ἁμέ. 75 καὶ ῥευ-
ματιζόμενά τινα μέρεα ὀδαξασμὼς ποιέντι καὶ μορφὰς φλεγμαινόντων b
σωμάτων μᾶλλον ἢ ὑγιαινόντων, δι' ὧν δυσθυμίαι καὶ λᾶθαι παραφρο-
σύναι τε καὶ πτοῖαι ἀπεργάζονται.

76 Ἱκανὰ δὲ τὰ ἔθεα, ἐν οἷς ἂν ἐντραφῶσι κατὰ πόλιν ἢ οἶκον,
καὶ ἁ καθ' ἁμέραν δίαιτα θρύπτοισα τὰν ψυχὰν ἢ ῥωννύοισα ποτ' ἀλκάν·
223 ταὶ γὰρ θυραυλίαι καὶ ἁπλαῖ τροφαὶ τά τε γυμνάσια καὶ τὰ ἤθεα τῶν
συνόντων τὰ μέγιστα δύνανται ποτὶ ἀρετὰν καὶ ποτὶ κακίαν. 77 κατὰ
ταῦτα κακίας μὲν αἰτία ἐκ τῶν γενετόρων καὶ στοιχείων ἐπάγεται c
μᾶλλον ἢ ἐξ ἁμέων· ὅ τι μὴ ἀργία ἐστίν, ἀφισταμένων ἡμῶν τῶν ποθ-
ακόντων ἔργων. 78 ποτὶ δὲ τὸ εὖ ἔχεν τὸ ζῶον δεῖ τὸ σῶμα ἔχεν τὰς ὑπ'
αὐτῷ ἀρετάς, ὑγείαν τε καὶ εὐαισθησίαν ἰσχύν τε καὶ κάλλος. ἀρχὰ
δὲ κάλλους συμμετρία ποτί τ' αὐτῶ τὰ μέρεα καὶ ποτὶ τὰν ψυχάν·

222, 6 ὁρμητικᾶς BWV. τε N om. BWV. 7 προπέτεια Taylor (ἁ προπ. d'Argens) ἀπροπετία NB Ws.l.V -εια WVs.l. ἀπετεία Par. 1810. ἄγρια om. B. τε καὶ BWV τέ τε καὶ N. οἰστρώδεις WV. 8 ἀφροσύνα WV. 10 ἐξαγγελλόμεναι BWV ἐξαλλαττόμεναι N (recte?). 12 εἰπεῖν τὸ πῶς N ἀτόπως BWV ἀτόνως Hermann. ἔχεν N ἔχην B ἔχειν WV. 13 πάθη BWV. ἀρχά τε καὶ scripsi ἀρχὰ δὲ καὶ N ἄρχεσθαι BWV καὶ ἄρχεσθαι M². 14 πλεονάζεν Vind. 64 -ζειν NM² -ζον BWV. τούτοις scripsi ταύταις codd. κάρρον NWV κάρρεν B κάρρονα M². αὐτῶν scripsi αὐτὸν B αὐτᾶς N (-ὰς) WV αὐτᾶν M². ἄμμε N. διατίθησι NWV. 15 συνεργεῖν NWV. 16 ἢ (ante θερμαὶ) codd καὶ Anton. γινόμεναι NWV. 17 καὶ (ante λαβρότατας) del. M². 18 ὀδαξασμὼς scripsi ὀδαξασμὸς N δαξασμὼς BWV. ποιέντι NBWV ποιεῦντι M² Par. 1810. μορφὰς BWV ὁρμὰς N. 19 λῆθαι BW in ras. V. 21 τὰ ἔθεα NWV τε θέα B. 22 ἡμέραν N. θρύπτοισα NVv.l. θρύπταισα B θρύπτουσα WV. ῥωνύοισα N ῥωννῦσα BWV. ποτὶ N. **223,** 2 κατὰ ταῦτα conieci καὶ ταῦτα codd. 3 κακίας μὲν αἰτία scripsi μὲν αἴτια NWV μὲν κακία δ' B. γενετέρων B. ἀπάγεται B. 4 ἁμέων NWV ἀμελῶν B. ἄρτια B. οὐκ ante ἀφιστ. NBWV secl. vulg. ἡμῶν NBWV ἁμῶν M². 6 αὐτῷ vulg. αὐτῶ M² αὐτοῦ NBWV. ἀρχὰ N ἀρχαὶ BWV.

Stumpfheit der Sinne, vom Erinnerungsvermögen Vergeßlichkeit,
vom Antriebsvermögen Schlappheit sowie nervöse Hastigkeit, vom
Vermögen der Affekte wilde Leidenschaften und irr rasendes Toben,
vom Vernunftvermögen Dummheit und Wahnsinn. 72 Der Ur- 72
sprung des Übels sind Lust und Unlust, Begierde und Abscheu, die
abhängig sind vom Körper, beigemischt aber der Seele. Und mit
mannigfachen Namen belegt; denn Fälle von Liebesbegehr und
Verlangen, zügelloser Sehnsucht, heftigem Zorn und großem Unmut,
mannigfachem Begehren und maßloser Lust gibt es. 73 All- 73
gemein gesagt: die Art des Verhaltens gegenüber den Leiden-
schaften, darin liegt Anfang wie Ende von Tugend und Schlechtig-
keit beschlossen. Denn das Zuweitgehen in den Leidenschaften
oder stärker sein als sie versetzt uns in einen guten oder schlechten
Zustand. 74 Auf diese Antriebe können die Mischungen des 74
jeweiligen Körpers (der Elemente?) großen Einfluß haben, die
scharf oder warm oder bald so, bald so sind und uns zu Schwarz-
galligkeit (Erregbarkeit) und Gierigkeit bringen. 75 Und Teile, 75
die an Fluß leiden, schaffen Beißen und Erscheinungsformen, die
eher entzündeten Körpergebilden als gesunden zugehören, wodurch
Arten von Mißmut und Vergessen, Wahnsinn und innere Unruhe
bewirkt werden.

76 Wichtig sind die Gewohnheiten, in denen man in Staat oder 76
Haus erzogen ist, und die tägliche Lebensweise, welche die Seele
schwächt oder sie kräftigt zu männlicher Stärke. Denn das Kam-
pieren im Freien und einfache Nahrung, die Leibesübungen und die
Sitten der Gefährten vermögen das Meiste zur Tüchtigkeit oder
Untauglichkeit. 77 Demgemäß wird die Schuld an einem schlech- 77
ten Zustand mehr von den Eltern und den körperlichen Bestand-
teilen als von uns hergeleitet; soweit nicht Trägheit vorliegt und
wir nicht zurücktreten von den pflichtmäßigen Aufgaben.

78 Dazu, daß das Wesen sich wohl befindet, muß der Körper seine 78
zugehörigen Tugenden haben, Gesundheit und Schärfe der Sinne,
Kraft und Schönheit. Die Grundlage der Schönheit aber ist Überein-
stimmung mit seinen Teilen und mit der Seele. Die Natur hat

ἁ γὰρ φύσις οἷον ὄργανον ἁρμόξατο τὸ σκᾶνος, ὑπάκουόν τε εἶμεν καὶ ἐναρμόνιον ταῖς τῶν βίων ὑποθέσεσι. 79 δεῖ δὲ καὶ τὰν ψυχὰν ῥυθμίζεσθαι d ποτὶ τὰς ἀναλόγως ἀρετάς, ποτὶ μὲν σωφροσύναν οἷον ποτὶ ὑγείαν τὸ σῶμα, ποτὶ δὲ φρόνασιν οἷον ποτὶ εὐαισθασίαν, ποτὶ δὲ ἀνδρειότατα οἷον ποτὶ ῥώμαν καὶ ἰσχύν, ποτὶ δὲ δικαιοσύναν οἷον ποτὶ κάλλος τὸ σῶμα. 80 τουτέων δὲ ἀρχαὶ μὲν ἐκ φύσιος, μέσα δὲ καὶ πέρατα ἐξ ἐπιμελείας, σώματος μὲν διὰ γυμναστικᾶς καὶ ἰατρικᾶς, ψυχᾶς δὲ διὰ παιδείας καὶ φιλοσοφίας. αὗται γὰρ ταὶ δυνάμιες τρέφοισαί τε καὶ τονοῖσαι καὶ τὰ σώματα καὶ τὰς ψυχὰς διὰ πόνων καὶ γυμνασίων καὶ διαίτας καὶ e ὀρνύοντι ὅκα δεῖ, ταὶ μὲν διὰ φαρμακειᾶν, ταὶ δὲ παιδευτικαὶ τᾶν ψυχᾶν διὰ κολασίων καὶ ἐπιπλαξίων. ῥωννύοντι δὲ καὶ διὰ προτροπᾶν ἐγείροισαι τὰν ὁρμὰν καὶ ἐγκελευόμεναι τὰ ποτίφορα ποττὰ ἔργα. 81 ἀληπτικὰ μὲν 104a ὦν καὶ ἁ ταύτᾳ συγγενεστάτα ἰατρικά, σώματα ταχθεῖσαι θεραπεῦεν, ἐς τὰν κρατίσταν ἁρμονίαν ἄγοισαι τὰς δυνάμιας τό τε αἷμα καθαρὸν καὶ τὸ πνεῦμα σύρροον ἀπεργάζονται, ἵν' εἰ καί τι νοσῶδες ὑπογένοιτο, κράτος αὐτοῦ ἔχοιεν ἐρρωμέναι ταὶ δυνάμιες αἵματος καὶ πνεύματος.

224 82 Μωσικὰ δὲ καὶ ἁ ταύτας ἁγεμὼν φιλοσοφία, ἐπὶ τᾷ τᾶς ψυχᾶς ἐπανορθώσει ταχθεῖσαι ὑπὸ ἐθέων τε καὶ νόμων, ἐθίζοντι καὶ b πείθοντι, τὰ δὲ καὶ ποταναγκάζοντι, τὸ μὲν λογικὸν τῷ λογισμῷ πείθεσθαι, τῶ δ' ἀλόγω θυμὸν μὲν πρᾶον εἶμεν, ἐπιθυμίαν δὲ ἐν ἀρεμήσει, ὡς μὴ δίχα λόγω κινέεσθαι, μηδὲ μὰν ἀτρεμίζειν τῶ νῶ ἐκκαλεομένω ἢ ποτὶ ἔργα ἢ ποτὶ ἀπολαύσιας. οὗτος γάρ ἐστιν ὅρος σωφροσύνας εὐπείθειά τε καὶ καρτερία.

83 Καὶ σύνεσις καὶ ἁ πρεσβίστα φιλοσοφία, ἀποκαθαράμεναι ψευδέας

223, 8 post ὄργανον deficit **B**; abhinc **AL** (Par. 1809) = B. τῶ σκάνεος A^1L. 9 ῥυθμίζεσθαι N W v.l. V v.l. ῥυθηγέεσθαι A^1L WV (fuit v.l. ἡγέεσθαι). 10 ὑγίειαν N. 11 εὐαισθασίαν W -θη-V N AL. 14 μὲν N τε AL WV. παιδείας καὶ om. AL. 15 τε N om. AL WV. τονοῖσαι W τοναῖσαι N τὸν νὼν LPar. 1809. 16 τὰς N om. AL WV. διαίτας NWV διὰ τᾶς A^1L. καὶ ὀρνύοντι ὅκα δεῖ conieci, fortasse καὶ ὀρέοντι ὅτε δεῖ <ἀνάγκας>? καὶ ὀρέοντι ὅτε δεῖ N καθαρότατος AL WV καὶ καθαίροντι coni. Baltes. 18 ῥωννύουσι AL WV. δὲ καὶ conieci γὰρ codd. ἐγείροισαι N Wv.l. V v.l. ἐγείρουσαι AL WV. 19 ἐγκελευόμεναι N ἐκκελευόμεναι AL WV. ποττὰ AL M^2 πουτὰ (ποττὰ?) N ποτὰ WV. ἀληπτικὰ WV ἀλειπτικά AL καλυπτικὰ N. 20 ταχθεῖσαι scripsi ταχθεῖσα AL WV ἀλλοιοῦσαι N. θεραπεύοντι N. 21 ἄγοισαι N ἄγοισα AL WV. τό AL WV αἱ N. 22 ἀπεργάζονται N ἀπεργάζεται AL WV. 23 ἐρρωμέναι ταὶ AL ἐρρ- τε WV ταὶ ἐρρ- N. **224,** 1 μουσικὰ N. ἁ om. A^1L^1. 2 ἐθέων N (coni. Valckenaer) θεῶν AL WV. νόμων AL WV μόνων N. -τι καὶ πείθοντι om. A^1L^1. 3 λογικὸν conieci ἄλογον N AL WV. 4 τὼ Bekker. θυμῶ N. ἐν ἀρεμήσει AL WV ἀναρεμήσει N. 5 λόγου AL WV. ἐκκαλεομένω NM^2 ἐγ- A^1L W (-α) V. 6 ἢ^1 om. A^1L^1. σωφροσύνᾳ A^1L^1. 7 εὐπείθεια N WV εὐπείθεα A^1L^1 ἀπάθεια? conieci. 8 πρέσβιστα WV πρέσβιττα L Par. 1809 πρέσβυτα N πρέσβυστα M^2.

nämlich diese Behausung wie ein Werkzeug gebildet, daß sie (der
Seele) untertänig sei und sich einfüge in die Zwecke der Arten von
Leben (sc. der verschiedenen Lebewesen). 79 Man muß aber auch 79
die Seele nach den entsprechenden Tugenden formen, nach der
Besonnenheit wie den Körper nach der Gesundheit, nach der Vernunft wie nach der Schärfe der Sinne, nach der Tapferkeit wie nach
Kraft und Stärke, nach der Gerechtigkeit wie den Körper nach der
Schönheit. 80 Von diesen Tüchtigkeiten kommen die Anfänge aus 80
der Natur, Mitte und Vollkommenheit aber aus sorgfältiger Pflege,
beim Körper durch Gymnastik und Heilkunst, bei der Seele
durch Bildung und Philosophie. Diese Fertigkeiten erziehen und
straffen Leib und Seele durch Strapazen, Übungen und Lebensführung, und rühren auch auf, wenn es nötig ist (oder: und sehen,
wenn Zwang nötig ist?), die einen durch Arzneien, die seelenererziehenden durch Strafen und Tadel. Sie stärken aber auch, indem
sie durch Ermunterung das Streben erwecken und das, dem es zukommt, zum Tun aufrufen. 81 Die Kunst des Trainierens und die 81
Medizin, ihr am verwandtesten, die die Aufgabe der Körperpflege
haben, bringen die Kräfte in den besten Einklang und so machen
sie das Blut rein und das Pneuma zusammenfließend, damit auch,
wenn etwas Krankhaftes sich bildet, die Kräfte des Bluts und des
Pneumas gestärkt sind und darüber Herr werden.

82 Die Musenkunst aber und ihre Führerin, die Philosophie, zur 82
Verbesserung der Seele von Gebräuchen und Gesetzen eingesetzt,
gewöhnen und überreden, üben aber auch Zwang aus, daß das
Vernünftige der Überlegung gehorcht, daß vom Unvernünftigen
der Mut sanft ist, die Begierde aber sich still verhält, daß sie sich
nicht ohne die Überlegung bewegen (bewegt?), freilich auch nicht
unbewegt bleiben (bleibt?), wenn der Verstand zur Tätigkeit oder
zum Genuß auffordert. Denn dies ist die Definition der Besonnenheit, Gehorsam einerseits und Ausdauer andererseits.

83 Und die Einsicht und die ehrwürdigste (höchste?) Philosophie 83
reinigten falsche Vorstellungen und legten die wissenschaftliche

δόξας, ἐνέθηκαν τὰν ἐπιστάμαν, ἀνακαλεσάμεναι τὸν νόον ἐκ μεγάλας c
τᾶς ἀγνοίας, χαλάσασαι ἐς ὄψιν τῶν θείων, τοῖς ἐνδιατρῖβεν σὺν αὐταρ-
κείᾳ τε ποττἀνθρώπεια καὶ σὺν εὐροίᾳ ἐπὶ τὸν σύμμετρον βίω χρόνον
εὐδαιμονεῖν ἐστιν. ὅτῳ μὲν δὴ ὁ δαίμων μοίρας τάσδ' ἔλαχε, δι' ἀλαθεσ-
τάταν δόξαν ἄγεται ἐπὶ τὸν εὐδαιμονέστατον βίον. 84 εἰ δέ κά τις σκλαρὸς
καὶ ἀπειθής, τούτῳ δὲ ἑπέσθω κόλασις ἅ τ' ἐκ τῶν νόμων καὶ ἁ ἐκ
τῶν λόγων, σύντονα ἐπάγοισα δείματά τε ὑπωράνια καὶ τὰ καθ' Ἅιδεος,
ὅθι κολάσιες ἀπαραίτητοι ἀπόκεινται δυσδαίμοσι νερτέροις, καὶ d
τἄλλα ὅσα ἐπαινέω τὸν Ἰωνικὸν ποιητὰν ἐκπλαγέντας ποιεῦντα τὼς
ἐναγέας. 85 ὡς γὰρ τὰ σώματα νοσώδεσί ποκα ὑγιάζομες, αἴ κα μὴ εἴκῃ
τοῖς ὑγιεινοτάτοις, οὕτω τὰς ψυχὰς ἀνείργομες ψευδέσι λόγοις, αἴ
κα μὴ ἄγηται ἀλαθέσι. 86 λέγοιντο δ' ἀναγκαίως καὶ τιμωρίαι ξέναι, ὡς
225 μετενδυομενᾶν τᾶν ψυχᾶν τῶν μὲν δειλῶν ἐς γυναικεῖα σκάνεα ποθ'
ὕβριν ἐκδιδόμενα, τῶν δὲ μιαιφόνων ἐς θηρίων σώματα ποτὶ κόλασιν, e
λάγνων δ' ἐς ὄνων ἢ κάπρων μορφάς, κούφων δὲ καὶ μετεώρων ἐς
πτηνῶν ἀεροπόρων, ἀργῶν δὲ καὶ ἀπράκτων ἀμαθῶν τε καὶ ἀνοήτων
ἐς τὰν τῶν ἐνύδρων ἰδέαν. 87 ἅπαντα δὲ ταῦτα ἐν δευτέρᾳ περιόδῳ ἁ
Νέμεσις συνδιέκρινε σὺν δαίμοσι παλαμναίοις χθονίοις τε, τοῖς ἐπόπταις 105a
τῶν ἀνθρωπίνων, 88 οἷς ὁ πάντων ἀγεμὼν θεὸς ἐπέτρεψε διοίκησιν
κόσμω συμπεπληρωμένω ἐκ θεῶν τε καὶ ἀνθρώπων τῶν τε ἄλλων
ζώων, ὅσα δεδαμιούργηται ποτ' εἰκόνα τὰν ἀρίσταν εἴδεος ἀγεννήτω
καὶ αἰωνίω καὶ νοατῶ.

224, 9 ἐνέθηκαν τὰν vulg. ἐνέθηκαν τᾷ AL WV ἐνεθήκαντο N. ἐπιστάμαν N vulg. ἐπιστήμᾳ AL (-α)WV. ἀνακαλεσάμεναι AL WV ἐκκαλεσάμεναι οἱ N. 10 εἰς N. σὺν NWV om. AL. αὐταρκείᾳ A Par. 1809 (-ία) L αὐτῶν κακία NWV. 11 ποττἀν-θρώπεια vulg. ποτ' τἄνθρ. AL W ποτ' ἄνθρ. V ποτὶ τ' ἄνθρ. N. post εὐροίᾳ exhibet χρόνω N. τὸν AL WV τὸ N. 12 εὐδαιμονεῖν scripsi εὐδαιμονεῖ (? -ον δ'?) N εὔδαιμον AL WV. δὴ N LParis. 1809 om. WV. ἀληθεστάταν N. 13 post τις exhib. εἴη N. 14 ἐπέστω N. ἅ τ' ἐκ τῶν νόμων καὶ ἁ AL WV τά τε ἄλλα N. 15 σύντονα ἐπάγοισα NWV σὺν τοῖσδε ἡγοῖσα A^{1}L. ante τε exhib. τά N. ὑπωράνια N (ὑπου-) AL ἐπουράνια WV. ἅδεος N AL WV ἀιδεω M^{2}. 16 ἀπόκεινται δυσδαίμοσι νερτέροις AL W (-εὐδαίμοσι-) V ἀπόκεινται· ἀλλὰ δυσδαίμοσιν ἐν ἑτέροις N. 17 τὰ ἄλλα N. τῶν Ἰωνικῶν ποιητᾶν N. ἐκπλαγέντας scripsi ἐκπλαγείσας N ἐκ παλαιᾶς AL WV. 18 ἐναγέας N ἐναγέως AL WV. ὑγιάζομεν N. αἴ N εἴ AL WV. 19 ἀνείργομες N LPar. 1809 ἀπείργομες WV. αἴ N εἴ AL WV. 20 ἀναγκαίως καὶ codd. ἂν καί πως ταὶ? conieci. **225,** 1 γυναικεῖα NWV^{2}(?) γυναῖκα AL γυναικέα V(?) M^{2} Par. 1810. 2 ἐκδιδόμεναι N. σωμάτων AL^{1}. 3 ὄνων conieci συῶν codd. δὲ^{2} AL WV τε N. 4 δὲ AL WV τε N. τε NM^{2} δὲ AL WV. post ἀπράκτων fortasse lacuna, in qua citabantur vermes aut crucae; lacunam indicavit iam Par. 1810 cf. p. 31. 6 συνέκρινεν A^{1}L^{1}. σὺν N WV ἐν A^{1}L^{1}. χθονίοις om. AL^{1}. 8 εἶμεν ante συμπ. add. N. 9 ποτὶ N. τᾶν ἀρίστων N. ἀγεννήτω N WV ἀγενήτω AL ἀγεννάτω M^{2}. 10 νοατῶ recc. νοητῶ AL V γεννητῶ W κόσμω N.

Erkenntnis (in die Seele); sie riefen den Verstand aus großer Unwissenheit zurück und machten ihn frei zum Anschauen der göttlichen Dinge, in denen zu verweilen mit menschenmöglicher Autarkie und mit Wohlbefinden über eine angemessene Lebenszeit hin glücklich sein bedeutet. Wem also der Dämon dies Geschick erloste, der wird aufgrund ganz wahren Meinens zum glückseligsten Leben geführt.

84 Wenn aber jemand verhärtet und ungehorsam ist, den soll 84
Strafe verfolgen, die nach den Gesetzen, und auch die nach den
Erzählungen; diese bringt heftige Schrecken herbei, solche unter
dem Himmel und solche im Hades, wo erbarmungslose Strafen die
unseligen Unterirdischen erwarten und das Übrige alles — worin
ich den jonischen Dichter lobe, der die Befleckten erschrecken
macht. 85 Wie wir nämlich die Körper bisweilen mit Krankhaftem 85
gesund machen, wenn sie dem besonders Gesundheitsfördernden
nicht nachgeben, so halten wir auch die Seele mit erfundenen
Geschichten zurück, wenn sie sich durch Wahrheiten nicht leiten
läßt.

86 Es besteht aber eine Notwendigkeit, auch jene ungewöhnlichen 86
Bußen zu berichten (?man mag aber auch irgendwie berichten von
jenen ungewöhnlichen Bußen?), daß die Seelen der Feigen sich im
Wechsel in weibliche Körper einkleiden, die der Maßlosigkeit ergeben sind, die der Mörder zur Strafe in Körper von wilden Tieren, die der Geilen in die Gestalten von Eseln oder Ebern, die der Leichtsinnigen und Unbeständigen in luftdurcheilende Vögel, die der Trägen und Untätigen ‹in Würmer?›, der Dummen und Unverständigen in die Gestalt der Wassertiere.

87 All diese Arten schied bei der zweiten Entstehungsperiode die 87
Nemesis zusammen mit den Dämonen, die rächen und unter der
Erde wohnen, den Aufsehern der menschlichen Angelegenheiten,
denen der alles führende Gott die Verwaltung des Kosmos über-
trug, 88 welcher angefüllt ist mit Göttern und Menschen und all 88
den andern Wesen, was alles geschaffen ist nach dem besten Urbild,
das in der ungezeugten und ewigen und intelligiblen Idee besteht.